Ihr Hobby

Wohnungskatzen

Lena Landwerth / Jessica Rohrbach

bede bei Ulmer

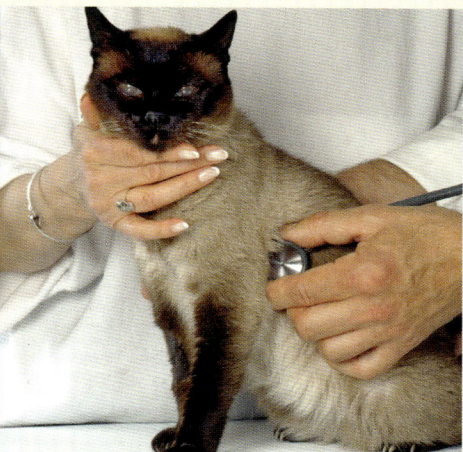

Gestatten: **Katze**

Katzen verzaubern seit Jahrtausenden. Wohl jedem ist die Katzengöttin Bastet ein Begriff, die bei den alten Ägyptern als Göttin der Fruchtbarkeit und Liebe, aber auch des Tanzes, der Musik und der Feste verehrt wurde.

Doch die gemeinsame Geschichte von Katze und Mensch ist noch viel älter: Funde aus dem Gebiet um Jericho zeigen, dass sich Katzen schon um 8.000 vor Christus um einfache Lehmziegeldörfer der Menschen ansiedelten – zuerst als von dem Mäusevorkommen in der Nähe der Kornspeicher profitierende Wildkatzen, später als domestizierte Hofbewohner.

So sind Katzen

Heute, Jahrtausende später, sind zur einfachen Wald- und Wiesenkatze zahlreiche Katzenrassen hinzugekommen, die der Mensch ganz nach seinen Wünschen gezüchtet hat.

In ihrem Inneren, von ihrem Körperbau und von ihrem Wesen her, ist die Katze aber immer noch Katze geblieben: Ein kleines, unabhängiges Wildtier, das sich dem Menschen zwar anschließt, ihm aber nicht Untertan ist.

◄ **Katzen** *sind heute oft nicht mehr reine Mäusefänger, sondern kuschelige Mitbewohner.*

▼ **Die europäische Wildkatze** *ist kein Vorfahr, sondern ein Cousin unserer Hauskatze.*

Katzenkörper

Unsere heutige Hauskatze stammt von der **Falbkatze** ab, einer sandfarbenen Kleinkatze, die heute noch die Wüstenregionen in Afrika bewohnt.

Genau wie die Falbkatze ernähren sich Wildkatzen und verwilderte Hauskatzen vorwiegend von kleinen Nagetieren, ihr gesamter Körper ist auf diese Art der Ernährung angepasst. Das Bemerkenswerte an einer Katze ist wohl ihre ruhige, leise Art der Fortbewegung – fast unsichtbar und völlig lautlos.

Die Katze ist weder übermäßig stark noch übermäßig schnell. Als ein sogenannter Schleichjäger ist sie darauf angewiesen, sich ihrer Beute geräuschlos nähern und diese mit einem einzigen Sprung erlegen zu können. Dafür ist sie von der Natur mit perfekten Werkzeugen für diese Art von Jagd ausgestattet worden: Einem beweglichen Körper, einziehbaren Krallen und weichen Pfotenballen zum Schleichen, einem empfindlichen Gehör, sensiblen Tasthaaren, einem scharfen Gebiss und außergewöhnlich guten Augen.

Um die Beute ausfindig zu machen, nutzt die Katze ihre gesamten Sinne. Am auffälligsten sind wohl die großen **Augen**, die besonders in der Dämmerung zu leuchten scheinen. Dieses Leuchten wird durch eine besondere Schicht hinter der Netzhaut im Auge hervorgerufen. Das tapetum lucidum, was auf Deutsch „Leuchtender Teppich" bedeutet, wirft das auf die Netzhaut auftreffende Licht noch einmal zurück, sodass die Katze auch in der Dämmerung oder bei Nacht sehr gut sehen kann. Bei völliger Dunkelheit kann aber auch eine Katze nicht sehen – hier orientiert sie sich mit Hilfe ihrer weiteren Sinne.

Wie bei fast jedem Raubtier sind die Katzenaugen an der Vorderseite des Schädels angebracht, was eine verbesserte Raumsicht ermöglicht. Im Gegensatz zum Menschen sind Katzen aber hauptsächlich auf die Wahrnehmung von Bewegungen spezialisiert und können vor allem

GUT ZU WISSEN

Die Schnurrhaare der Katze haben nichts mit „Schnurren" zu tun! Sie dienen vielmehr als Tastorgane, mit deren Hilfe sich die Katze in der Dämmerung sowie im Dunkeln zurechtfinden kann.

zwei bis vier Meter entfernte Objekte identifizieren.

Nahe Objekte untersucht sie mit Hilfe ihrer **Tasthaare**, sogenannten **Vibrissen**, die sich über den Augen, an der Schnauze und sogar unter den Pfoten befinden. Vibrissen sind auf die Wahrnehmung von Berührungsreizen spezialisiert: Im Gegensatz zu anderen Haaren sind sie in einen speziellen Haarballen eingebettet, der feinste Reize an empfindliche Nerven weitergibt. Aus dieser Information kann das Katzengehirn eine dreidimensionale Karte der Umgebung erstellen – Katzen „sehen" also gewissermaßen mit ihren Tasthaaren.

◀ *Katzen sind perfekte Jäger!*

▲ **Katzenaugen** *faszinieren*

Katzen können ihre Ohren mit Hilfe beweglicher Ohrmuscheln so wie kleine Satellitenschüsseln auf ein interessant erscheinendes Geräusch ausrichten.

Katzen hören vor allem in den höheren Frequenzbereichen gut, sie können zum Beispiel das Fiepen einer Maus in mehreren Metern Entfernung lokalisieren.

INFOKASTEN: FALLSTUDIEN

Dass Katzen immer auf allen Vieren landen, ist kein Märchen. Katzen sind mit einem außergewöhnlichen Gleichgewichtssinn ausgestattet: Beim Fall aus großer Höhe drehen sie zuerst ihren Kopf, dann ihren Oberkörper und zuletzt das Hinterteil in die richtige Richtung. Der Schwanz dient dabei als Ruder, sodass die Katze auch wirklich (meistens) unbeschadet auf ihren Pfoten landen kann.

Ihr Innenohr verleiht der Katze auch einen besonders guten **Gleichgewichtssinn**: Bei einem Fall dreht die Katze sich instinktiv auf den Bauch und benutzt ihren Schwanz als Steuerruder. So landet sie bei einer Höhe von etwa zwei bis drei Metern immer auf den Pfoten. Größere Sprünge überstehen in der Regel auch Katzen nicht unbeschadet …

Ist die Beute ausfindig gemacht, geht es an die Jagd. Einziehbare **Krallen** und weiche **Pfotenballen** verleihen der Katze den typischen lautlosen Gang. Sie ist ein sogenannter Ballengänger: Im Gegensatz zum Hund zieht die Katze ihre Krallen beim Laufen ein und berührt den Boden nur mit den Ballen an der Unterseite ihrer Pfoten. So kann sie sich kleinen Beutetieren beinahe lautlos nähern.

Doch die Samtpfoten werden in Sekundenbruchteilen zu tödlichen Waffen, die das Beutetier packen und festhalten können: Die fünf messerscharfen Krallen der Vorderpfoten können durch den Zug einer einzigen Sehne blitzschnell herausgefahren werden. Auch im Kampf spielen die Krallen eine große Rolle, ebenso wie beim Klettern.

◄ **Krallen** *sind nicht nur zum Jagen gut!*

Das **Katzengebiss** ist weniger eine Waffe für die Verteidigung oder den Kampf, es ist vor allem auf das Töten und Zerteilen der Beute ausgelegt. Die langen, dolchartigen Fangzähne der Katze dienen zum Packen, Festhalten und Töten der kleineren Beutetiere. Katzen kauen ihre Nahrung nicht wie wir Menschen, ihr Gebiss funktioniert wie eine Schere: Die Reißzähne zerkleinern die Fleischstücke in magengerechte Portionen, die sofort heruntergeschluckt werden.

Die sechs kleinen Schneidezähne dienen dagegen weniger zum Beutefang oder der Nahrungsaufnahme, leisten aber zum Beispiel bei der Fellpflege gute Dienste. Beobachten Sie einmal Ihre Katze, wenn sie den Bereich zwischen ihren Zehen säubert und kleinste Katzenstreukügelchen heraussucht!

▼ *Das Katzengebiss eignet sich perfekt zur Fellpflege...*

▲ *... und* um das eigene Junge mit höchster Vorsicht zu tragen.

Katzenpsyche: Ein Jäger im Plüschmantel

Der Körper einer Katze ist der eines Jägers und steht dem ihrer wilden Verwandten wie der Wildkatze, dem Ozelot oder sogar dem Tiger in nichts nach.

Jahrtausende des Zusammenlebens mit dem Menschen haben sie natürlich geprägt – nicht umsonst gibt es die gezielte Zucht spezieller Rassen, die sich nicht nur in ihren äußeren Merkmalen unterscheiden, sondern auch mit völlig unterschiedlichen Charakteren glänzen. Die British Kurzhaar gilt beispielsweise als besonders ruhig und verträglich, die Siamesen als „Quasseltaschen" und exotischere Rassen wie die Bengalen als besonders lebendig.

Doch trotz all dieser Unterschiede ist die Katze auch nach jahrelangem Zusammenleben mit dem Menschen eins geblieben: Eine Katze. Unsere Hauskatzen mögen in unserem Bett schlafen, die Katzentoilette benutzen und Hühnchen mit Käsesauce aus kleinen Aluminiumschälchen schlecken, sie sind trotzdem von ihrem Kopf her immer noch kleine **Wildtiere** und nicht die Kuscheltiere, als die wir sie manchmal gerne sehen würden.

◀ **Von klein an** trainiert, wer ein Jäger werden will!

Früh übt sich

Wilde oder wildlebende Katzen bringen ihren Kindern früh lebendige Beute ins Nest, damit sie ihre **Reflexe** trainieren und die Scheu vor dem Zubeißen verlieren. Doch selbst Rassekatzen, die seit Generationen in menschlicher Obhut leben und ohne Mäusefang und Revierstreit ein angenehmes Leben führen, trainieren von Kindesbeinen an für die große Jagd. Schon im Wurfkasten wird gerangelt und gekämpft, später ersetzen Spielmäuse und Wollknäuel lebendige Beute und schulen die kleinen Katzen für das Leben in der Wildnis. Auch, wenn das niemals nötig sein sollte – dieses **Training** ist überlebenswichtig für die Katze, es macht sie erst zu dem, was wir lieben und schätzen: Dem kleinen Jäger im Plüschmantel.

INFOKASTEN: HILFE, ES LEBT!

Alle Katzen haben eine sogenannte Beißhemmung: Vor allem Hauskatzen, die drinnen aufgewachsen sind, haben während ihrer Erziehung keine Erfahrung mit wildlebender Beute gemacht und trauen sich so auch nicht, beherzt zuzubeißen. Der Jagdtrieb ist dennoch da. Solche Katzen, die den Tötungsbiss nicht zu setzen wissen, spielen ihre Beute in der Regel „zu Tode".

Auch erwachsene Katzen spielen noch. Das mag zum einen daran liegen, dass die Hauskatze in menschlicher Obhut ein ewiges Kind bleibt, das sich weder um Futter noch um Feinde Sorgen machen muss. Zum anderen haben Forscher aber beobachtet, dass auch Wildkatzen noch jagen, wenn sie schon satt sind: Jagd bedeutet

Training. Außerdem macht eine Maus allein nicht satt und man weiß ja nie, wann die nächste im Gebüsch wartet …

Die Katze ist also vor allem eins: ein Jäger. Als dieser hat sie scharfe Sinne, schnelle Reflexe und die Fähigkeit, sich problemlos an wechselnde Umweltbedingungen anzupassen. Sie muss aber auch gefordert und gefördert werden – ein gemütliches Bettchen allein macht keine Katze glücklich.

Schaffen Sie Ihrer Katze eine **Umgebung**, die ihren Bedürfnissen gerecht wird und in der sie nicht nur zu einer starken und zufriedenen Katze heranwachsen, sondern es auch bleiben kann! Konkrete Tipps hierzu finden Sie im Kapitel „Wohnungsgestaltung" auf Seite 127.

Die Katze – ein Einzelgänger?

Ihre Eigenschaft als Jäger hat die Katze jahrelang als **Einzelgänger** gekennzeichnet. Die Beute der Katze ist im Gegensatz zu der von in Gemeinschaft jagenden Katzen wie dem Löwen klein und kann in der Regel ohne Zusammenarbeit mit anderen Jägern erlegt werden. Zudem wird von einer Maus keine Katzengruppe satt.

Dennoch: Auch, wenn die Katze ein sogenannter solitärer Jäger ist, ist sie doch auf ihre Art und Weise gesellig. So ziehen nicht nur die Weibchen der Europäischen Wildkatze, einem Vetter unserer Hauskatze, ihre Jungen oft gemeinsam auf. Auch bei wildlebenden Hauskatzen zeigen sich oft **Zweckgemeinschaften** zum Beispiel an Futterstellen oder auf Bauernhöfen: Je größer das Angebot an leckerem Futter oder fetten Mäusen ist, desto größer ist auch die **Katzengruppe**.

Im Gegensatz zu einem Hunde- oder Wolfsrudel gibt es hier aber keine strenge **Rangordnung** mit einem sogenannten Alpha-Tier, welches das Sagen hat.

Die Rangordnung in einer Katzengruppe wird Tag für Tag neu ausgefochten – wer gestern beim Zweikampf unterlegen war, kann morgen schon gewinnen und sich den Platz direkt am gut gefüllten Futternapf sichern.

FRAUENPOWER

Katzengruppen sind matriarchalisch organisiert: Die Katzenmütter ziehen oft in Gemeinschaft mit anderen ihre Jungen auf, wobei den Vätern keine Verantwortung übertragen wird. Eine durchaus praktische Lösung, denn immer wieder gibt es Katzen, die sich lieber um die Jungen kümmern, und andere, die bessere Jägerinnen sind!

Kleine Rassekunde

Lange bestand nicht die Notwendigkeit zur Katzenzucht, die besten Mäusejäger waren oft die halbwilden Katzen, die sich in der Nähe menschlicher Behausungen ansiedelten. Dies änderte sich, als reiche Damen die Katze als wunderschönes und sinnliches Schmusetier entdeckten.

Kurze Zuchtgeschichte

Während schon lange die Notwendigkeit nach eigenständigen Hunderassen, die Hunde mit besonderen Jagd- oder starkem Beschützerinstinkt hervorbrachten, bestand, entdeckte man die Fähigkeiten der Katze abseits der Mäusejagd erst relativ spät: Im Barock wurden die kleinen Wildtiere zu wahren Sofatigern, zu Schmusetieren für die Damen und einer Zierde für den Salon. Langhaarige Katzenschönheiten aus Persien waren schon seit dem 17. Jahrhundert in Europa bekannt, die systematische **Zucht** begann aber erst Ende des 19. Jahrhunderts.

Seitdem werden genaue Zuchtbücher geführt, jede eingetragene Katze muss dem **Rassestandard** von der Felllänge bis zur Augenform und der Beinlänge genügen. Nur nach dem **Zuchtbuch** anerkannte Katzen werden zur Zucht zugelassen – nur ihre Nachkommen dürfen weiterhin zur Rassekatzenzucht eingesetzt werden. Nicht perfekte oder abweichende Katzenindividuen werden nicht zur Weiterzucht empfohlen, sie gehen oft in Liebhaberhand über und dürfen ihr Leben abseits des Zuchtgeschehens genießen. Oder aber sie werden Gründer einer neuen Rasse – wie zum Beispiel die Deutsch Langhaar Katze, eine sehr neue Rasse, die erst seit wenigen Jahrzehnten anerkannt ist.

▲ **Von** der Hofkatze ...

Grundtypen

Jede Katzenrasse lässt sich einem sogenannten **Grundtyp** zuordnen: Im Persertyp stehende Rassen sind langhaarig mit eher kurzen Beinen und vom Gemüt her ruhig und sanft. Auch der Waldkatzentyp ist langhaarig, hier ist das Fell aber oft glänzender und nicht ganz so seidig. Waldkatzen sind lebendig und weisen einen oft großen, langgestreckten Körper auf. Der Siamtyp dagegen ist hoch gewachsen und schlank, er steht auf hohen Beinen und weist oft große Ohren auf, die auf einem lang gestreckten Kopf sitzen. Diese Katzen sind anhänglich und mitteilsam.

Der Kartäusertyp wiederum ist eher ruhigen Gemüts. Vom Körperbau her ähnelt er dem Persertyp, sein Fell ist aber kurz und plüschig.

Und der Hauskatzentyp ist ein wahrer Schmelztiegel aller Rassen. Ihre Figur kann je nach Einkreuzung variieren: kürzere oder höhere Beine, eine normale Felllänge mit Tendenz zu seidig, plüschig oder zottelig und jegliche Fellzeichnungen können ihr Erscheinungsbild prägen.

Kleiner Wegweiser durch die Rassekatzenwelt

Mittlerweile gibt es unzählige Katzenrassen aus aller Welt, sie alle aufzuzählen ist beinahe unmöglich. Einige Katzenrassen kennt (fast) jeder Katzenfreund, andere sind unbekannt. Mittlerweile gibt es sogar Kreuzungen zwischen Haus- und Wildkatzen, die sich zu einer eigenen Rasse entwickelt haben. Wir möchten Ihnen hier einen kleinen Überblick über verschiedene Rassen geben – die Anzahl verschiedenster Katzenrassen übersteigt aber ein Vielfaches die dieses kleinen Wegweisers.

Perserkatze: Perserkatzen gehören zu den Langhaarkatzen. Die eher ruhigen und zurückhaltenden Katzen ohne großen Freiheitsdrang eignen sich gut als Wohnungskatzen, ihr langes Fell bedarf aber einer regelmäßigen Pflege. Den Zuchtrichtlinien entspricht auch eine übermäßig kurze, breite Nase ohne sichtbaren Nasenrücken – Atembeschwerden können die Folge sein.

British Kurzhaar: Die British Kurzhaar (BKH) hat genau wie die Perser einen muskulösen, gedrungenen Körperbau mit eher kurzen Beinen. Auch vom Wesen her ähnelt sie ihren langhaarigen Artgenossen: BKH sind ruhige Genossen, die auch ohne großartigen Freilauf glücklich werden können. Ihr Fell ist eher kurz und plüschig.

Europäisch Kurzhaar: Kaum zu glauben aber wahr: Auch die Europäisch Kurzhaar (EKH) ist eine Katzenrasse. Nicht jede Bauernhofkatze unbekannten Ursprungs ist aber eine EKH – denn auch diese Rasse hat besondere Rassestandards, denen die Zuchttiere genügen müssen. Der Körper der Europäisch Kurzhaar ist muskulös, sie weist eine breite Brust und kräftige, mittellange Beine mit runden Pfoten auf. EKH sind lebhafte Tiere, die oft auf ihren Freigang bestehen.

Siamkatze: Die Siam gehört zu den Kurzhaarkatzen – im Gegensatz zur Europäisch Kurzhaar ist neben dem langgestreckten Körperbau und den großen Ohren auch ihre Fellfarbe bezeichnend: Durch eine Mutation gehören die Siam zu den sogenannten Maskenkatzen, sie weisen auf einer relativ hellen Fellfarbe dunklere Schattierungen an Ohren, Schwanz, Nase und Pfote auf. Siamkatzen sind menschenbezogen und haben die Eigenschaft, gerne mit ihrem Menschen zu „reden".

Norwegische Waldkatze: Die Norwegische Waldkatze hat durch ihre Größe, den robusten Körperbau sowie das buschige, halblange Fell Ähnlichkeit mit der Europäischen Wildkatze. Neben der Maine Coon und der Ragdoll ist die Norwegische Waldkatze eine der größten Katzenrassen, sie weist einen langgestreckten Körper mit hohen Beinen auf, die Hinterbeine sind oft länger als die Vorderbeine. Auffällig sind die häufig auf den Ohren platzierten Fellbüschel! Auch, wenn Norwegische Waldkatzen aussehen wie Wildtiere, sind sie unkompliziert, sanft und anhänglich.

Maine Coon: Die Maine Coon ähnelt der Norwegischen Waldkatze äußerlich sehr, stammt aber im Gegensatz zu dieser aus Amerika und wurde hier sogar lange Zeit als Gebrauchskatze gezüchtet. Maine Coons sind sehr groß und gehören zu den schwersten Katzen der Welt: Ein ausgewachsener Kater kann bis zu zwölf Kilogramm auf die Waage bringen!

Als ehemalige Gebrauchskatzen sind Maine Coons begabte Jäger, die intelligenten Fellnasen apportieren in der Regel gerne und sind extrem wasserliebend. Auch wenn diese Katzenrasse noch relativ jung ist, schleichen sich auch bei ihr durch die gezielte Zucht und den verkleinerten Genpool langsam Erbkrankheiten ein, die aber mittlerweile zum größten Teil gut erforscht sind.

Savannah: Die Savannah ist eine relativ junge Katzenrasse, die durch ihre auffällige Fellfarbe mittlerweile zu einer Modekatze und nicht selten zu einem Prestigeobjekt geworden ist.

Savannah entspringen der Verpaarung von Hauskatzen mit Servals, mittelgroßen Wildkatzen aus Afrika. Katzen der ersten Generation sind extrem freiheitsliebend und lebendig – werden diese Katzen weiter mit Hauskatzen verpaart (Kater der ersten Generation sind steril, können also keine Nachkommen zeugen), werden die Nachkommen zu freundlichen, geselligen und anhänglichen Tieren mit einem wachen Gemüt.

Besonders auffällig ist bei der Savannah die wunderschöne Fellfarbe: Die Katze weist wie der Serval eine Tupfenzeichnung auf goldenem bis beigefarbenem Grund auf.

Scottish Fold: Die Schottische Faltohrkatze wird seit den 1960er Jahren gezüchtet – auffällig sind die nach vorn gefalteten Ohren, die bei dieser Rasse genetisch bedingt sind. Da die katzentypische Kommunikation mit gefalteten Ohren nur eingeschränkt möglich ist, wird die Scottish Fold oft als Qualzucht betitelt. Liebhaber dieser Katze wollen aber eine völlig uneingeschränkte Kommunikation zwischen Faltohrkatzen und Katzen mit „normalen" Ohren beobachten.

Sphynx: Auch die Sphynx-Katze ist durch Mutation entstanden: Sie ist fast haarlos und nur mit einem leichten Flaum bedeckt. Genau wie die Scottish Fold wird sie so oft als sogenannte Qualzucht bezeichnet. Ihre großen Ohren und der langgestreckte Körper lassen eine Ähnlichkeit mit asiatischen Rassen erahnen. Gezielt gezüchtet wird die Sphynx seit 1966, Ursprung der ersten Zuchtlinien ist Kanada.

SIE HABEN DIE WAHL

Rassekatzen gibt es in jeder Form, Farbe und für jeden Geschmack.

Ob Sie sich tatsächlich für ein Tier vom Züchter oder eine normale Hauskatze entscheiden, bleibt Ihnen überlassen – ein paar kleine Infos zur Wahl der richtigen Katzenrasse oder der richtigen Katze ohne Rasse finden Sie im Kapitel „Welche Katze für welchen Menschen" Seite 17.

▶ ... *zur* Rassekatze

▲ **Vom wilden Bauernhoftiger** zur verwöhnten
*Rasseschönheit – Katzen sind so unterschiedlich
wie ihre Menschen.*

Ein Freund **fürs Leben**

Auch, wenn der Hund weiterhin der offizielle „beste Freund des Menschen" ist, hat die Katze ihn doch schon auf der Beliebtheitsskala überholt: 2009 standen 8,2 Millionen Katzen in deutschen Haushalten 5,5 Millionen Hunden entgegen.

Die Katze ist somit das beliebteste Haustier, in über 16,5 Prozent der deutschen Haushalte lebt ein Sofatiger. Wir Katzenfreunde befinden uns also in guter Gemeinschaft!

Welche Katze für welchen Menschen?

So unterschiedlich wie wir Menschen sind auch unsere Katzen. Da gibt es junge Kraftbündel vom Bauernhof, ältere Katzen, die sich über einen ruhigen Platz freuen, dankbare, kränkliche Fellnasen, Katzen in allen erdenklichen Farben und Größen, mit langem und kurzem Fell, vom Züchter oder aus dem Tierheim. Wie soll man da den richtigen Gefährten für sich finden?

Doch so schwer ist die **Suche** nach der richtigen Katze gar nicht. Beachten Sie ein paar kleine Grundregeln, finden Sie schon bald den idealen Begleiter für Ihren jeweiligen Lebensstil. Doch Vorsicht: Manchmal ist die **Traumkatze** doch ganz anders, als man sie sich vorgestellt hat …

▶ *Manchmal ist etwas Geduld bei der Suche nach der richtigen Katze gefragt.*

Die junge Katze

Kommt der Wunsch nach einer Katze auf, denken nicht nur Kinder meistens an ein junges, flauschiges **Kätzchen**. Große Augen soll es haben, tapsig sein und einen das ganze Leben lang begleiten. Doch das Zusammenleben mit einer **jungen Katze** ist nicht ganz so einfach, wie man es sich erträumt hat.

Katzenkinder sind noch nicht in ihrem Charakter gefestigt, als kleine „Überraschungseier" müssen sie konsequent und dennoch sanft erzogen werden, um zu einer stattlichen und wohlerzogenen Katze heranzuwachsen.

Entscheiden Sie sich aus diesem Grund nur für eine junge Katze, wenn Sie genügend **Geduld** für eine liebevolle **Erziehung** haben und Ihrem Kätzchen die **Aufmerksamkeit** schenken können, die es braucht. Dafür ist nicht nur viel Zeit nötig, sondern auch entsprechende Katzenerfahrung oder die Geduld, sich diese schon vor dem Einzug des kleinen Tigers anzueignen. Keine Sorge – als Leser dieses Buches sind Sie damit schon auf dem besten Weg …

Sind Sie als Single den ganzen Tag beruflich eingebunden, sollten Sie sich eventuell besser für eine ältere Katze entscheiden.

▼ *Katzenkinder* dürfen ab einem Alter von etwa zwölf Wochen ihr neues Zuhause beziehen.

GUT ZU WISSEN

Junge Katzen brauchen Bewegung, sie probieren aus und sind in ihrem Tatendrang oft nicht zu stoppen. In der Folge kann hier die eine oder andere Vase zu Bruch gehen oder das neue Sofa von Kratzspuren verunstaltet werden. Auch kleinere und größere Blessuren können an der Tagesordnung sein.

▶ **Katzensenioren** *sind angenehme Mitbewohner.*

Die ältere Katze

Ältere Katzen sind nicht immer alt und gebrechlich. Während sich die ganze Welt um junge Katzen zu reißen scheint, verbringen erwachsene Katzen oft ein halbes Leben im Tierheim, ohne wirklich „alt" zu sein. Uninteressant ist schon, wer bereits kein kleines Kitten mehr ist.

Dabei hat es große Vorteile, eine ausgewachsene Katze zu sich zu nehmen! Oft hat sie schon in einer Familie gelebt, ist stubenrein und hat eine Grunderziehung genossen.

Zerkratze Sofaecken gibt es nur selten, viele erwachsene Katzen sind zudem ruhiger als ihre jungen Artgenossen. Sind junge Katzen noch Überraschungspakete, haben erwachsene Katzen ihren Charakter gefestigt.

Die Tierheimpfleger oder Vorbesitzer werden Ihnen daher genau berichten können, was die Katze mag und was nicht, für welchen Menschen sie geeignet ist und ob sie sich mit Tieren oder Kindern versteht. Je nach Charakter sind solche Katzen auch für **Anfänger** geeignet, die sich noch nie mit Katzenerziehung beschäftigt haben oder sich nicht zutrauen, ein junges Energiebündel bei sich aufzunehmen.

Die kranke Katze

Auch sie gibt es: Kranke Katzen, die einen schönen ruhigen Platz suchen. Nicht alle sind sterbenskrank, oft leiden sie an Infektionskrankheiten wie FIP oder Leukose, die an andere, nicht infizierte Katzen übertragen werden können, ohne bei der infizierten selbst auszubrechen.

Diese Tiere benötigen in der Regel einen ruhigen Platz bei katzenerfahrenen Menschen, die einer kranken Katze ein schönes Zuhause bieten möchten und bereit sind, sie im Falle des Falles auf dem letzten Weg zu begleiten. Wer eine solche Katze bei sich aufnimmt, gewinnt in der Regel einen dankbaren guten Freund, der ihn lange Jahre oder auch nur Monate begleitet und auf immer unvergessen bleibt.

▶ **Ob diese**
Geschwister ein
gemeinsames
Zuhause
finden?

Ein oder zwei Katzen?

Katzen sind nicht die **Einzelgänger**, für die
sie oft gehalten werden. Zwar jagen sie alleine, in freilebenden Katzengruppen oder bei
Wildkatzen wie der europäischen Wildkatze
beobachteten Verhaltensforscher aber dennoch
eine Art Geselligkeit: Ist genügend Futter vorhanden, akzeptieren Katzen häufig auch fremde
Artgenossen in ihrem Revier. Oft werden auch
die Jungen gemeinsam aufgezogen. Männliche
Katzen hingegen akzeptieren gerade zur Paa-
rungszeit keine Rivalen in ihrem Territorium.

*Gerade bei reiner Wohnungshaltung sind
Katzen oft dankbar für einen **Artgenossen**,
mit dem auf kätzische Art und Weise
kommuniziert, gerauft, gespielt und
geschmust werden kann.*

Egal, wie gut wir unsere Katze verstehen und
wie sehr wir uns bemühen, ihr ein **Familienmitglied** zu sein: Ganz Katze sind wir Menschen
nie. Sollte Ihre Katze nicht eine der Naturen
sein, die sich eher als Einzelkatze eignen und
andere Artgenossen verschmähen, sollten Sie ihr
einen Spielgefährten gönnen. Solch eine kätzische Wohngemeinschaft funktioniert aber nur

unter bestimmten Voraussetzungen: Die beiden
Katzen sollten sich in Alter und Temperament
ähneln, es sollte auch in der Wohnung genügend
Rückzugsraum vorhanden und beide sollten
sich grundsätzlich sympathisch sein.

Lächeln Sie nicht, Sie mögen schließlich auch
nicht jeden Ihrer Nachbarn, oder? Auch unter
Katzen gibt es Naturen, die sich trotz ähnlichen
Temperaments und ähnlicher **Vorgeschichte**
absolut nicht riechen können – und wieder
andere, die absolut gegensätzlich sind und dennoch ein tolles Paar abgeben.

Egal, wie gut sich beide Katzen verstehen,
sollte genügend **Rückzugsraum** vorhanden sein,
damit sich jede Katze ausruhen und auch einmal ohne die andere entspannen kann. Sollte es
doch einmal zu kleinen Rangkämpfen kommen,
sind auch genügend Katzentoiletten – Faustregel: Anzahl Katzen plus eine – eine große Hilfe.
Es gibt immer wieder Katzennaturen, die es genießen, ihre überlegene Position auszudrücken,
indem sie den anderen nicht mehr sein nötiges
Geschäft verrichten lassen oder währenddessen
aus der Katzentoilette vertreiben …

Rassekatze oder Mix?

Katzen gibt es in allen Formen und Farben, mit langem und kurzem Haar und in besonderen Fellmusterungen. Doch auch die „normale" Hauskatze hat viele Freunde.

Wessen Herz für eine bestimmte **Rasse** *schlägt, wird zwar manchmal auch im Tierheim fündig – in der Regel führt der Weg des Rassekatzenliebhabers aber zum Züchter.*

Dort kann er sich das geeignete Tier aussuchen, das in Aussehen und Charakter seinen Wünschen entspricht. Das ist ein entscheidender Vorteil: Während die Entwicklung eines **Rassemixes** oder einer Hauskatze immer eine Überraschung ist, werden Rassekatzen seit Generationen auf ein bestimmtes Ziel hin gezüchtet. Je nach Rasse sind sie lebendig wie die Abessinier oder ruhig und gelassen wie die British Kurzhaar.

Hauskatzenmixe jeder Art, Farbe und Form gibt es in Hülle und Fülle in Tierheimen, auf Pflegestationen und auf Bauernhöfen – nicht selten wundern sich frischgebackene Katzen-Großeltern, dass die Nachfrage nach Katzen ohne Rasse und **Stammbaum** doch nicht so groß ist wie gedacht. Um das Katzenelend nicht noch zu vergrößern und dem **Tierschutz** bei der alljährlichen Katzenschwemme nicht noch ein paar Jungkatzen mehr aufs Auge zu drücken, sollten darum nur Rassekatzen gezielt verpaart werden. Das ist auch in Ihrem Sinne – es sei denn, Sie möchten den Großteil der Katzenkinder selbst behalten?

Wer aber ein treues Familienmitglied sucht und keine Zuchtambitionen hat, wird auch mit einer **Hauskatze** ohne Rasse und Abstammung glücklich werden. Derartige Rassemixe haben ihre ganz eigene Schönheit, aufgrund absichtlicher oder unabsichtlicher Einkreuzungen ähneln Sie speziellen Rassen oft bis aufs Haar oder bilden eine eigene Rasse mit einem ganz eigenen Charme.

◀ **Auch** eine ganz normale Hauskatze kann ein guter Freund sein!

Auf ein vorgegebenes Zuchtziel im Charakter oder Aussehen können Sie sich hier nicht verlassen. Wenn Sie Ihre Katze aber so lieben möchten, wie sie ist, und nicht auf eine besonders sensible, besonders gesprächige oder besonders wohnungsgeeignete Katze angewiesen sind, werden Sie sicherlich in der Vielfalt der Rassemixe fündig.

TIPP

Wer gar mit dem Gedanken an Katzennachwuchs spielt, sollte sich auf jeden Fall für eine Katze mit Stammbaum entscheiden!

Kassensturz: Was kostet eine Katze?

Auch, wenn Katzen oft als Kleintiere gelten, kostet nicht nur ihre Anschaffung, sondern auch ihr Unterhalt Geld. Ein Kratzbaum, ab und an eine Dose Katzenfutter, etwas Wasser und Katzenstreu – damit ist es nicht getan.

Viele Katzenneulinge unterschätzen dies und wundern sich dann nach einigen Wochen, wie teuer die kleinen Sofatiger doch sind. Eine Katze nimmt keine Rücksicht auf Ihre aktuellen wirtschaftlichen Verhältnisse.

Ist die Katze einmal krank, kann sie nicht wie ein defektes Auto oder ein plattes Fahrrad auf ihre Behandlung warten. Fressen muss sie tagtäglich möglichst hochwertiges Futter – auch, wenn Herrchen und Frauchen gerade knapp bei **Kasse** sind oder für den nächsten Urlaub sparen.

Erstanschaffung: Kratzbaum, Katzentoilette und Co. sind zwar auf den ersten Blick teuer, aber doch mit das günstigste bei den Ausgaben, die in den nächsten Jahren auf Sie zukommen. Hier lassen sich die Kosten relativ gut den eigenen Einkommensverhältnissen anpassen: Nicht immer muss es der Design-Kratzbaum sein, aus einfachen Schälchen schmeckt das Futter der Katze genauso gut wie aus aufwendig verzierten Keramiknäpfen. Kosten: Ab etwa 50 Euro.

Futter: Eine Katze muss fressen. Billigfutter ist dabei nicht immer das günstigste – vergleichen Sie die Fütterungsempfehlungen der verschiedenen Futtersorten und achten Sie auf die Zusammensetzung. Bei Futter mit einem guten Preis-Leistungs-Verhältnis können Sie so mit etwa einem Euro pro Tag und Katze allein fürs Futter rechnen.

Zubehör: Je nachdem, ob Ihre Katze Freigänger ist oder sich vorwiegend in der Wohnung aufhält, benötigen Sie Katzenstreu, Spielzeug, Katzengras und weiteres Zubehör. Die Kosten pro Monat können variieren, Sie sollten aber etwa 15 Euro einrechnen.

◄ **Katzenfreunde** mit
Zuchtambitionen sollten
sich für eine Rassekatze
entscheiden.

GUT ZU WISSEN

Katzenhaltung ist absolut kein günstiges Vergnügen. Die Kosten kommen Monat für Monat und Jahr für Jahr auf Sie zu – bei einem Katzenleben von durchschnittlich 17 Jahren können das mehrere Tausend Euro sein. Eine Katze ist ein guter Freund und Begleiter und jeden Euro wert. Überlegen Sie sich aber schon vor der Anschaffung, ob Sie diese Kosten auf Dauer tragen können und wollen!

Tierarzt: Auch, wenn Ihre Katze zu den robusteren Naturen gehört, benötigt Sie einmal im Jahr eine tierärztliche Untersuchung sowie die nötigen Impfungen und Wurmkuren. Ist Ihre Katze krank, können die Kosten leicht ins Unermessliche steigen. Kosten: Ab 100 Euro pro Katze und Jahr.

Versicherungen: Katzen sind als Kleintiere in der Haftpflichtversicherung des Halters inbegriffen. Eine eigene Krankenversicherung für Ihre Katzen kann eventuelle OP- und Tierarztkosten auffangen, sie kann den monatlichen Rahmen der Katzenausgaben aber auch sprengen. Kosten: Ab etwa 15 Euro pro Monat und Katze.

Darf ich überhaupt eine Katze halten?

Sie möchten eine Katze in Ihr Leben lassen? Ihre Wohnung ist groß genug, das Finanzielle ist geklärt und Sie liebäugeln schon mit einem kleinen Sofatiger? Damit ist es leider nicht getan. Wohnen Sie in einer Mietwohnung, sollten Sie zur Sicherheit Ihren **Vermieter** um Erlaubnis bitten. Zwar sehen viele Gerichte Katzen als Kleintiere und damit nicht genehmigungspflichtig an, um Streit oder einer vorzeitigen Kündigung aus dem Weg zu gehen, sollten Sie sich aber sicherheitshalber eine schriftliche Genehmigung einholen.

Wo kauft man einen Freund?

Es gibt vielfältige Möglichkeiten, die richtige Katze zu finden. Wer weiß, was er sucht, kann sich aber viele Wege und viel Stress sparen, wenn er sich gleich die verschiedenen Möglichkeiten des Katzenkaufs vor die Augen hält.

Die Katze aus dem Tierheim

Groß und klein, Rassekatze oder Mischling, Alt und Jung: Im **Tierheim** warten viele Katzen auf ein geeignetes Zuhause, hier ist fast für jeden etwas dabei. Doch viele Katzenfreunde scheuen den Gang zum Tierheim – oft heißt es, Tierheimkatzen seien alt, krank und verrückt. Gesunde, psychisch stabile Katzen würde man im Tierheim kaum antreffen.

Doch das stimmt nicht! Sicherlich werden Sie beim Tierschutz die eine oder andere Katze mit Geschichte antreffen, doch in der Regel sind Tierheimkatzen Katzen wie jede andere auch. Die Tierpfleger kennen oft die Geschichte jedes einzelnen Schützlings und können Sie so ganz genau beraten, welche Katze sich für Sie und Ihre Familie eher eignen würde oder welche vielleicht nicht ideal ist.

Tierheimkatzen sind meistens schon geimpft und kastriert, im Gegenzug wird oft eine kleine Spende verlangt, die diese Kosten aber nicht annähernd deckt.

DENKEN SIE DARAN

Vorsicht vor Mitleidskäufen: Werden Katzen vom Tierhändler oder auf dem Kleintiermarkt gekauft, erhöht sich damit automatisch die Nachfrage – diese Händler kaufen weitere junge Katzen an.

Die Katze vom Bauernhof

Im Frühling sieht man sie in jeder Tageszeitung: Angebote á la „Junge, süße Kätzchen vom Hof zu verschenken". Viele Bauern geben sich zwar Mühe, alle ihre Katzen kastrieren zu lassen – doch oft können sie der Katzenschar nicht Herr werden. In der Folge erblicken jedes Jahr Tausende Hofkätzchen das Licht der Welt und werden verschenkt oder gegen einen kleinen Obolus verkauft.

Nicht immer sind **Hofkätzchen** ein günstiges Schnäppchen, denn halbwild aufgewachsen und menschenscheu, werden sie nur selten als reine Wohnungskatzen glücklich. Da Katzen vom Bauernhof in der Regel weder kastriert noch geimpft, sondern ganz im Gegenteil von Ungeziefer befallen sind, kommen hier erhebliche Kosten auf den Katzenfreund zu.

▲ **Im Tierheim** warten viele Katzen auf ein gutes Zuhause.

Die Katze vom Züchter

Wer eine ganz genaue Vorstellung hat, wie seine Katze sein soll, wählt meist den Weg zum **Züchter**. **Rassekatzen** entsprechen einem ganz besonderen Zuchtstandard, hier werden nur Elterntiere, die vom Zuchtverband anerkannt werden, zur Zucht zugelassen.

Das hat einen erheblichen Vorteil: Sie können ungefähr sichergehen, wie sich Ihre Jungkatze auch charakterlich entwickelt. Es gibt redselige Katzenrassen wie die Siam, lebendige Katzen wie die Bengal und ruhigere Typen wie die Maine Coon.

Doch die Rassekatze hat ihren Preis: Oft müssen Sie mehrere hundert, wenn nicht tausend Euro für eine Katze mit Papieren hinblättern. Das hat einen guten Grund: Ein professioneller **Züchter**, der auch Wert auf das Wohl seiner Katzen legt, muss einen bestimmten hohen Betrag für seine Jungkatzen nehmen, denn gutes Futter und eine tierärztliche Gesundheitsvorsorge kosten Geld. Selbst bei einem Betrag von mehreren hundert Euro pro Tier wird er nicht viel bis gar nichts verdienen – Katzenzucht ist ein **teures Hobby**. Dafür erhalten Sie aber auch eine gesunde Katze, die von Klein auf gehegt und gepflegt wurde und die nötigen Gesundheitsvorsorgen beim Tierarzt durchlaufen hat.

GUT ZU WISSEN

Vor Rassekatzen ohne Papiere sei gewarnt – auch dann, wenn Sie selber nicht züchten möchten und darum glauben, keine Papiere für Ihre Katze zu benötigen.
Oft stammen Rassekatzen ohne Papiere aus der Verpaarung miteinander verwandter Tiere oder von Muttertieren, die als wahre Zuchtmaschinen benutzt werden und deren Halter keinen Wert auf Kontrolle durch die Zuchtorganisationen oder eine regelmäßige Gesundheitsvorsorge legt.

▼ *Katzen* *vom Züchter haben ihren Preis.*

Die Katze aus dem Zooladen

Noch in den 1970er Jahren durften Katzen in Zooläden verkauft werden. Leider findet man auch heute immer mehr Katzenkinder, die in Zooläden hinter Glasscheiben ausgestellt werden und auf ein neues Zuhause warten. Auch wenn der Weg über den Zooladen einfach scheint, sind diese Katzen nicht immer geimpft und kastriert, nur selten entstammen sie einer professionellen Zucht. Meistens werden sie dennoch zu horrenden Preisen angeboten. Abgesehen davon, dass das Leben hinter Glas bestimmt nicht schön für ein junges Kätzchen ist, sollte Sie spätestens dies vom Kauf einer Zooladen-Katze abhalten.

Die Katze aus zweiter Hand

Im Laufe eines Katzenlebens kann sich viel verändern. Wer seine Katze nicht mehr halten kann, sie aber nicht gleich ins Tierheim geben will, versucht oft über Zeitschriftenannoncen, ein schönes neues Zuhause für den langjährigen Freund zu finden.

Katzen aus zweiter Hand sind in der Regel schon erwachsen, dafür aber auch meistens geimpft, kastriert und erzogen. Der **Vorbesitzer** kann Ihnen jede Menge über die Eigenheiten und Vorlieben seiner Katze erzählen – schließlich hat er auch selbst Interesse daran, dass sie ein schönes Zuhause findet!

▲ **Spielzeug** *darf in keinem Katzenhaushalt fehlen.*

Ein Heim für die Katze

Haben Sie sich für einen oder zwei neue Mitbewohner entschieden, steht als nächstes die Frage nach dem richtigen Zubehör für den oder die kleinen Tiger im Raum.

Eine Katze, die Freilauf bekommt, wird sich dabei in der Regel mit einem Futter- und Wassernapf, einem Katzenklo für die dringenden Geschäfte im Haus, einem kleinen Kratzbaum oder -brett und einem Schlafplätzchen zufrieden geben. Reine Wohnungskatzen wollen da schon etwas mehr geboten haben.

Wohnungsgestaltung

Katzen sind neugierige Weltentdecker. Eine Miez, die regelmäßig Auslauf im Freien bekommt, kann ihrem Drang nach neuen Eindrücken jeden Tag wieder nachgehen.

Bäume zum **Klettern**, **Mäuse** zum **Jagen** und immer wieder neue Gerüche müssen schließlich irgendwie nachempfunden werden, damit der Stubentiger nicht aus **Langeweile** die Wohnungseinrichtung auseinandernimmt. Auch ein **Katzenkumpel** kann zwar vieles, aber dennoch nicht alles ersetzen. Wollen Sie Ihre Katzen also nur in der Wohnung halten, sollten Sie einige Kompromisse zugunsten Ihres neuen Mitbewohners eingehen.

▶ *Auch ein Bücherregal kann zur perfekten Aussichtsplattform umfunktioniert werden.*

TIPP

Betrachten Sie Ihre Wohnung einmal mit den Augen einer Katze: Wo würde sie sich gerne zur Ruhe legen, welche Dinge sind besonders spannend, wo hat man den besten Überblick und wo lässt es sich am besten toben? Gehen Sie in sich, ob Sie auch auf Dekorationsartikel zugunsten einer Katzenrennbahn auf dem Regal verzichten können und ob Sie der Anblick eines großen Kratzbaums wirklich stört.

Auch die **Katzenklos** müssen an sorgfältig ausgesuchten Orten stehen und lassen sich nicht immer in unauffälligen Ecken verstecken. Empfinden Sie bei dieser Vorstellung keine generelle Abneigung, steht der Wohnungsumgestaltung und damit dem Einzug der neuen Mitbewohner eigentlich nichts mehr im Wege.

Die für alle Katzen wichtigsten Orte in der Wohnung sind der **Futter-** und **Schlafplatz** sowie das **Katzenklo**. Platzieren Sie diese Dinge an ruhigen, möglichst weit voneinander entfernten Plätzen. Schließlich wollen Sie ja auch nicht an ein und demselben Ort essen, schlafen und die Toilette nutzen.

Oft suchen sich Katzen ihren Schlafplatz aber auch selbst aus und ignorieren das sorgfältig ausgesuchte **Körbchen** beharrlich. Dann bieten Sie dem Stubentiger an diesem Ort ein Kissen oder Deckchen als Unterlage an und akzeptieren Sie diese Entscheidung soweit möglich.

Die Bedürfnisse von Wohnungskatzen hören damit natürlich noch lange nicht auf. Katzen müssen ihrem natürlichen Bedürfnis, sich die **Krallen** zu wetzen, nachgehen können. Damit entfernen sie nicht nur alte Krallenhülsen, sondern hinterlassen nebenbei auch wichtige **Duftmarkierungen**. Für uns Menschen sind glücklicherweise nur die Wetzspuren optisch wahrnehmbar. Eine Katze, die sich die Krallen schärft, zeigt damit außerdem, dass sie sich wohlfühlt.

---

*Ein **Kratzbaum** ist daher unentbehrlich für jeden Katzenhaushalt. Ob dieser beige oder pink, mit Plüsch oder Teppich bespannt, gekauft oder selbstgebaut ist, das bleibt dabei Ihrem persönlichen Geschmack überlassen.*

Gerade für Wohnungskatzen gilt: je höher, desto besser! Katzen halten sich nicht nur auf dem Boden auf, sondern nutzen den Raum auch in der Höhe. Klettern und Springen gehören dabei zu ihren **natürlichen Verhaltensweisen**, die am besten auf einem üppigen, standfesten Kratzbaum ausgeübt werden können.

Von oben lässt sich das Geschehen am besten beobachten oder auch mal ein Nickerchen halten, denn dort fühlt sich die Katze sicher.

Wählen Sie für den Kratzbaum einen zentralen Ort in einem Raum, in dem Sie sich am meisten aufhalten oder in dem am meisten Aktion geboten ist. Damit können Sie sicher sein, dass der Kratzbaum auch genutzt und Ihren Möbeln als **Kratzfläche** vorgezogen wird. Hat Ihre Katze dennoch ein paar andere Orte zum **Krallenwetzen** auserkoren, können Sie diese auch mit **Kratzbrettern** vor weiterer Zerstörung schützen.

◀ *Richtig platziert,* stört auch die Katzentoilette nicht.

Auch für Spannung, Spaß und **Spiel** muss Platz vorhanden sein. Machen Sie aus Ihrer Wohnung ein kleines Katzen-Erlebnis-Paradies. Räumen Sie ein paar **Pflanzen** vom Fensterbrett und bieten Sie Ihrer Katze dort einen gemütlichen Platz mit **Aussicht** auf eine belebte Straße oder einen von vielen Vögeln bevölkerten Baum. Vielleicht können Sie das Fenster auch mit stabilen **Katzenschutznetzen** so absichern, dass Ihre Katze die Aussicht auch mit Frischluft genießen kann. Bauen Sie in die Höhe, räumen Sie ein paar Regale frei oder bringen Sie neue an, damit Ihre Stubentiger den Raum von allen Richtungen aus betrachten können. Richten Sie **Versteckmöglichkeiten** ein und bepflanzen Sie einen Blumenkasten mit wohlduftenden **Kräutern** oder bringen Sie mal etwas von draußen mit.

Damit es Ihrer Katze nicht langweilig wird, können Sie sich immer wieder Neues einfallen lassen. Seien Sie kreativ, wenn Sie Ihrer Miez eine Freude machen wollen. Auch ein alter **Karton** mit zerknülltem Zeitungspapier oder frischem Heu, ein paar Mitbringseln, **Leckerchen** und etwas **Spielzeug** zum wühlen und verstecken kommt immer wieder gut an.

Da sich die wenigsten Katzen alleine beschäftigen und es auch mit dem besten Katzenkumpel in der Wohnung langweilig werden kann, müssen Sie sich natürlich auch mit einer perfekt katzengerecht eingerichteten Wohnung neben ruhigen **Schmuse- und Kuschelstunden** um Aktion bemühen. Mehr dazu im Kapitel „Warum Katzen spielen müssen" Seite 45.

KRATZMÖBEL: MEHR IST MEHR

Bieten Sie Ihrer Katze lieber ein paar Kratzmöglichkeiten zu viel als zu wenig an. Das schützt Ihre Möbel vor Zerstörung durch das notwendige Krallenwetzen.

▶ *Auf einen Katzenkratzbaum* können Sie kaum verzichten.

Die ersten Tage zu Hause

Haben Sie Ihre Wohnung katzengerecht gestaltet und holen Ihre neuen Mitbewohner zu sich, kann es sein, dass diese dem kaum Beachtung schenken. Nicht jede Katze zieht mit einem lauten „Hurra" ins neue Zuhause und erkundet dieses schon am ersten Tag bis in die letzte Ecke.

Lassen Sie dem Neuankömmling Zeit und setzen Sie Ihn in der Nähe des **Katzenklos** ab, damit er gleich weiß, wo er sich erleichtern kann. Alles andere ist erstmal zweitrangig. Die Katze muss selbst entscheiden können, wann sie welchen Raum für sich erobert und den Kratzbaum das erste Mal nutzt.

Haben Sie sich für extrem **scheue Kätzchen** entschieden, die sich den ganzen Tag in einer unerreichbaren Ecke versteckt halten, müssen Sie vielleicht auch noch einmal umräumen. Verschreckte Katzen fühlen sich am wohlsten, wenn sie in einem für sie sicheren Raum erstmal vollkommen in Ruhe gelassen werden. Wenn Sie dort **Katzenklo** und **Näpfe** platzieren, können die Katzen ihren dringlichsten Bedürfnissen nachkommen.

GUT ZU WISSEN

Wenn Sie die Angsthasenkatzen nicht bedrängen und ihnen täglich mit ruhiger Stimme etwas vorlesen, werden sie mit Sicherheit nach und nach Vertrauen fassen und auch den Rest der Wohnung erkunden.

▸ **Geben Sie** Ihrer Katze in den ersten Tagen etwas Zeit, sich einzugewöhnen.

▼ **Mit viel Fantasie** gestalten Sie Ihrer Katze eine ganz eigene Abenteuerwelt!

Katzenmöbel selber machen

Nicht immer muss es der teure Design-Kratzbaum oder das günstige Plüschmodell aus dem Baumarkt um die Ecke sein, um das Katzenherz zu beglücken. Schließlich soll der **Katzenspielplatz** ja auch zur Wohnungseinrichtung passen.

Mit etwas Geschick und Einfallsreichtum lässt sich schnell der ideale **Kratzbaum** *für Ihre Wohnung leicht selbst herstellen.*

Nutzen Sie dazu entweder trockene, dünne **Baumstämme** ohne Rinde oder die im Handel auch einzeln erhältlichen **Sisalsäulen** und bauen Sie diese nach Belieben zusammen. Dazu müssen Sie nicht zwangsläufig auf fertige Bauteile zurückgreifen.

Aus ein paar stabilen **Brettchen** aus dem Baumarkt, mit Teppich oder Stoff bezogen, lassen sich schnell ein paar schöne Elemente bauen, die Ihrer Katze beim Aufstieg helfen und ihr eine ideale **Aussichtsplattform** bieten werden. Lassen Sie sich von Komplettkratzbäumen inspirieren und bauen sie je nach Lust und Laune **Hängematten**, **Liegemulden** oder **Höhlen** ein.

Achten Sie dabei in jedem Fall auf einen stabilen Stand des fertigen Baums durch eine ausreichend große und schwere **Bodenplatte** und befestigen Sie ihn zur Not zusätzlich an der Wand. Schon haben Sie eine individuelle Lösung für Ihr Wohnzimmer und die Katze einen kreativ gestalteten Tobeplatz.

Auch einfache, stabile **Regalbretter** können Sie leicht zu einem praktischen Katzenspielplatz umfunktionieren. Mit etwas **Teppich** oder **Sisalmatten** bespannt, dienen sie als Ruhe- und Kratzflächen und fallen nicht sofort als Katzenmöbel ins Auge. Wenn Sie diese Regale taktisch anbringen, können Sie Ihrer Katze einen wahren **Catwalk** einrichten, von dem aus sie das Zimmer auch in der dritten Dimension einmal umrunden kann. Kombiniert mit freien Flächen auf sowieso vorhandenen Regalen und Schränken vergrößern Sie den vorhandenen Platz in Ihrer Wohnung für die Katzen um ein Vielfaches.

Kleiner Einkaufszettel:
Das braucht die Katze

Haben Sie sich für einen **Kratzbaum** als neue Zierde Ihres Wohnzimmers entschieden oder diesen gar selbstgebaut, dürfen Sie darüber natürlich nicht die restlichen Einkäufe vergessen. Sicher werden sich Ihre neuen Mitbewohner über ihren Kratztempel freuen, nicht minder wichtig dürften aber folgende Utensilien sein:

Futter- und Wassernäpfe: Die wichtigsten Utensilien in einem Katzenhaushalt gleich welcher Art sind natürlich Futter- und Wassernäpfe. Als **Futternäpfe** eignen sich am besten breite Keramikschüsselchen mit nicht allzu hohem Rand, damit die Katze beim Fressen nicht mit ihren empfindlichen Schnurrhaaren anstößt.

Jede Katze sollte ihren eigenen Napf besitzen, um Futterneid zu vermeiden und die Futtermenge pro Katze besser unter Kontrolle zu haben. Zusätzlich sollten mehrere **Wassernäpfe** an verschiedenen Stellen in der Wohnung verteilt werden.

Napfunterlage: Obwohl Katzen reinliche Tiere sind, können sie beim Fressen ganz schön kleckern. Um Ihren Boden vor Verunreinigungen durch heruntergefallenes Katzenfutter zu schützen, legen Sie unter die Futternäpfe eine rutschfeste und leicht zu reinigende Napfunterlage. Möchten Sie nicht extra eine neue kaufen, können Sie ausgediente Platzsets dafür zweckentfremden. Auch unter Wassernäpfen machen sich Unterlagen immer gut, um empfindliche Böden vor Wasser zu schützen.

Besteck und Dosendeckel: Kleine nützliche Helfer in jedem Katzenhaushalt sind ein Gäbelchen extra fürs Katzenfutter und Dosendeckel. Diese können Sie speziell für angebrochene Tierfutterdosen im Handel erstehen. Manchmal passen aber auch die Plastikdeckel von Pasteten,

BAKTERIEN IM KATZENGESCHIRR

Plastiknäpfe können bei Katzen Kinnakne verursachen, da sich schon in den kleinsten Kratzern verschiedene Bakterien tummeln können. Manche Katzen reagieren außerdem empfindlich auf Näpfe aus Edelstahl. Besser geeignet ist Katzengeschirr aus Keramik.

Brotaufstrichen oder Erdnuss-, Tee- und Kaffeedosen, die man sowieso im Hause hat.

Futter: Vergessen Sie auch nicht, vor dem Einzug des neuen Mitbewohners ein paar Dosen des gewohnten Futters zu erstehen, damit die Katze nicht aufgrund einer ungewohnten Futtersorte schon am ersten Tag in Hungerstreik tritt. Stellen Sie dann langsam auf neue Futtersorten um, damit es nicht zu Verdauungsproblemen kommt.

Katzenklozubehör: Neben dem Katzenklo darf auch die passende **Katzenstreu** nicht fehlen. Man unterscheidet dabei ganz grob zwischen klumpender und nicht klumpender Streu. Bei nicht klumpender Streu sammeln Sie einfach täglich den Kot aus dem Klo, der Urin wird von der Streu aufgenommen und erst bei einer Komplettreinigung der Toilette entfernt.

Bei **Klumpstreu** ist das anders. Hier verbindet sich der Urin mit den Streukügelchen zu einem festen Klumpen, der einfach ausgesiebt werden kann. Verwenden Sie in der ersten Zeit die Streu, die auch der Vorbesitzer Ihres Kätzchens verwendet hat, um ihm die Umstellung zu erleichtern.

Die meisten Katzen bevorzugen feine Streusorten, die nicht so sehr an den Pfoten schmerzen. Zu grobe Streu wird von manchen Katzen toleriert, andere verweigern sie komplett und verrichten ihr Geschäft dann lieber an anderen Orten.

Um Kot und die Klumpen bei Klumpstreu aus der Katzentoilette zu entfernen, benötigen Sie eine **Streuschaufel**. Natürlich können Sie für die Entsorgung der Häufchen auch teure Tüten im Zoofachhandel erstehen. Wenn Sie aber regelmäßig die kostenlosen **Plastiktüten** aus der Obst- und Gemüseabteilung aufheben und sammeln, können Sie sich diese Ausgabe auch sparen. Solange die Tütchen durch den Obsttransport keine Risse bekommen haben, leisten sie genauso gute Dienste.

▲ *Die Katzentoilette* gehört in jeden Katzenhaushalt.

LANGSAM UMSTELLEN

Wollen Sie Ihre Katze an ein neues Futter gewöhnen, sollten Sie langsam vorgehen, um Verdauungsprobleme zu vermeiden. Mischen Sie dazu einen kleinen Teil des neuen Futters unter das Gewohnte und steigern Sie die Menge nach und nach, bis Ihre Katze das neue Futter ohne Probleme annimmt.

Katzenklo: Auf ein Katzenklo kann keine Katze verzichten. Viele Freigänger erledigen ihre großen und kleinen Geschäfte zwar lieber in Nachbars Blumenbeet, dennoch sollten sie an ein Katzenklo gewöhnt sein.

Nicht nur im Krankheitsfall oder wenn die Katze es aus einem anderen Grund nicht rechtzeitig ins Freie schafft, ist es wichtig, dass sie immer Zugang zu einem sauberen stillen Örtchen hat. Viele Katzen ziehen ein offenes Klo einer Haubentoilette vor.

Kratzmöbel: Kratzmöglichkeiten dürfen in keinem Katzenhaushalt fehlen. Neben dem Hauptkratzbaum, der gleichzeitig auch noch als Spiel- und Schlafplatz dienen soll, können Sie Ihrer Katze aber auch noch ein paar kleinere Kratzmöglichkeiten und -bäume anbieten. Von Zimmereckenschonern aus Sisal über Kratzwellen, -bretter und -säulen, finden Sie im Zoofachhandel ein breites Angebot.

Spielzeug: Katzen spielen gern. Am liebsten mit Dingen, an die wir Katzenhalter zuvor nie gedacht hätten und die in jedem Haushalt vorhanden sind. Vom **Schnürsenkel** über den **Kugelschreiber** bis zum zerknüllten **Brotpapier** eignet sich aus Sicht des Stubentigers so ziemlich alles als Spielzeug. **Spielzeugmäuse**, **Federwedel** und **Katzenangel** gehören aber trotzdem dazu. Da Spielzeug auch immer wieder verschwindet und an den unmöglichsten Orten – teilweise vollkommen zerstört – wieder auftaucht, kann man davon eigentlich gar nicht genug haben.

Bürsten und Kämme: Eine **Kurzhaarkatze** pflegt ihr Fell in der Regel selbst. Aber auch sie liebt es, ab und an einmal mit einer weichen **Bürste** oder einem **Noppenhandschuh** gebürstet zu werden. Eine **Langhaarkatze** jedoch benötigt regelmäßige **Fellpflege**. Erkundigen Sie sich am besten bei dem Züchter Ihres Neuzugangs, welche Art von **Kamm** oder **Bürste** sich am besten zur Fellpflege eignet und an was die Katze gewöhnt ist.

Körbchen: Auch wenn Ihre Katze es sich wahrscheinlich am liebsten in Ihrem Bett oder auf der kuscheligen Sofadecke bequem macht, bieten Sie Ihr ein eigens für sie gedachtes Körbchen in einer ausreichenden Größe an. Auch **Kuschelhöhlen** oder mit Heu oder Handtüchern gepolsterte **Pappkartons** finden oft großen Anklang.

Transportbox: Für den **Notfall**, **Umzug** oder **Urlaub** benötigen Sie pro Katze eine Transportbox. Verwenden Sie am besten statt **Weidenkörbchen** leicht zu reinigende Boxen aus **Plastik**. Diese sollten neben der vorderen Öffnung auch von oben zu öffnen sein, damit auch eine verängstigte Katze beim **Tierarzt** aus der Box gehoben werden kann.

▸ *Spielzeug gehört genauso zur Einrichtung wie das richtige Futter.*

Kippfenstersicherung und Katzenschutznetz:
Um gefährliche Unfälle im gekippten Fenster zu verhindern, bietet der Fachhandel spezielle Kippfenstersicherungen an. So kann die Katze sich nicht einklemmen und dabei auch nicht tödlich verletzen. Um die Samtpfoten daran zu hindern, aus geöffneten Fenstern oder vom Balkon zu fallen oder zu springen, benötigen Sie außerdem ein Katzenschutznetz.

◂ *Katzen sind von Natur aus neugierig.*

Gefahren lauern überall

Auch wenn reine **Wohnungskatzen** in der vermeintlich sicheren Wohnung vor ernsthaften Bedrohungen wie **Autos** oder **Hunden** geschützt sind, kann immer noch eine Menge passieren. Gerade die den Katzen eigene **Neugier**, eventuell gepaart mit ein bisschen **Langeweile**, kann schnell zu **Verletzungen** oder **Vergiftungen** führen. Bevor eine Katze in Ihr Heim einzieht, sollten Sie daher mit geöffneten Augen durch Ihre Wohnung laufen und mögliche **Gefahrenquellen** entfernen.

Gefahr Nummer eins in der Wohnung sind **gekippte Fenster**, die immer unterschätzt werden. Auch wenn die Katze nach mehreren Monaten noch kein Interesse an der schmalen Öffnung gefunden hat, kann dieses in einem unbeobachteten Moment schnell geweckt sein. Panik, ein vorbei fliegender Schmetterling oder eine fremde Katze und schon ist es passiert: Die Katze versucht, aus dem gekippten Fenster zu springen

▲ *Angebotenes Katzengras lässt das Interesse an Zimmerpflanzen schwinden.*

und verklemmt sich dabei hoffnungslos darin. Schnell wird diese Falle zur tödlichen Gefahr.

Sichern Sie darum sämtliche Fenster mit einem **Kippfensterschutz** *oder sperren Sie die Katzen aus dem Raum, wenn Sie lüften.*

Da Katzen draußen häufig **Gras** zu sich nehmen, sollten Sie ihnen auch im Haus regelmäßig **Katzengras** anbieten. Obwohl die meisten Stubentiger sich meist nur darauf beschränken, knabbern sie vielleicht doch gelegentlich entweder aus Langeweile oder als Ersatz für das Katzengras an **Zimmerpflanzen** herum oder nehmen Teile davon bei wilden Spielen versehentlich zu sich. Die meisten Zimmerpflanzen sind allerdings giftig.

Auch **Blumenvasen** mit altem **Blumenwasser** oder gefüllte **Gießkannen** mit **Dünger** können starke **Vergiftungen** hervorrufen. Räumen Sie daher alles, was Ihre Katze gefährden könnte, an unerreichbare Orte oder entfernen Sie es ganz aus der Wohnung.

Geöffnete **Fenster**, **Balkone**, offene, glatte **Treppen** und andere Dinge, von denen die Katze herunterfallen kann, können Sie mit einem **Netz** sichern. **Dekoartikel** und andere zerbrechliche Dinge, an denen sich die Katze beim Herumtoben verletzen kann, sollten Sie besser komplett wegräumen. Das gleiche gilt für **Putzmittel**, **Medikamente**, kleine, verschluckbare oder spitze Gegenstände, **Nadeln**, **Messer** und sonstiges, an dem sich Ihre Katze verletzen könnte.

Stellen Sie sich einfach vor, Sie machen Ihre Wohnung kindersicher. Nichts anderes müssen Sie beachten, wenn Sie **Gefahrenquellen** für Ihre Katze ausschalten wollen. Nur mit dem einen Unterschied, dass die Katze auch an scheinbar unerreichbare Orte gelangen kann, wenn sie ihr Interesse geweckt haben.

Lassen Sie niemals **Kerzen**, **Bügeleisen** oder den heißen **Herd** unbeaufsichtigt und stellen Sie nach dem Kochen immer einen schweren Topf mit Wasser auf die heiße **Herdplatte**, damit sich Ihre Samtpfote nicht aus Versehen die Pfoten verbrennt. Auch **Waschmaschine**, **Trockner**, **Müllschlucker**, **Plastiktüte** und Co. können Ihrer Samtpfote schnell gefährlich werden.

Sie sehen also, Gefahren für unsere vierbeinigen Mitbewohner lauern überall! Mit wachen Augen und ein paar **Vorsichtsmaßnahmen** lässt sich aber jede Wohnung leicht **katzensicher** machen.

▲ *Ich würde* so gerne raus ...

VORSICHT GIFTPFLANZEN!

Auch wenn sie noch so schön sind, die meisten Zimmerpflanzen und Schnittblumen können bei Katzen Vergiftungen auslösen. Giftig sind: Aloe, Alpenveilchen, Amaryllis- und Aronstabgewächse, Azalee, Begonie, Birkenfeige, Elefantenfuß, Gummibaum, Hyazinthe, Korallenbäumchen, Maiglöckchen, Nelken, Palmfarn, Prachtlilien, Tulpen, Wolfsmilchgewächse und Yuccapalmen.

Fragen Sie notfalls in Ihrer Gärtnerei um Rat, ob es eine solche Pflanze ist, die Sie besitzen. Auch die bei Katzen sehr beliebten Ziergräser in Blumensträußen sind oft giftig.

Freigang auf Raten: Freigehege und Katzenbalkon

Gerade für Stubentiger kann ein gesicherter Ausflug an die frische Luft eine große Bereicherung bedeuten. Den eigenen Balkon katzensicher auszustatten, ist dabei in der Regel nicht schwer.

Im Handel gibt es speziell für diesen Zweck **Katzennetze** in verschiedenen Farben, die mit Haken und Dübeln oder mithilfe von **Teleskopstangen** befestigt werden können. Fragen Sie jedoch, um Streitigkeiten zu vermeiden, vorher unbedingt Ihren Vermieter, ob Sie ein Netz anbringen dürfen.

Den Balkon selbst können Sie mit einem **Kratzbaum** versehen und Ihrer Katze eine kleine Graslandschaft im **Balkonkasten** anbieten. Schon haben Sie einen perfekten kleinen Erlebnis-Ausguck an der frischen Luft für Ihre Samtpfoten geschaffen, den sie sicher bald nicht mehr missen wollen.

Ein **Freigehege** zu bauen ist da schon etwas aufwendiger. Einfach einen normalen **Gartenzaun** aufzustellen, reicht leider nicht, um kletter- und sprungfreudige Samtpfoten an der Flucht zu hindern.

Ein **ausbruchssicheres Gehege** sieht ein bisschen aus wie eine große Vogelvoliere und ist auch nach oben hin abgesichert. Mithilfe von **Metallstangen** oder **Holzkonstruktionen** und etwas handwerklichem Geschick wird zuerst das Grundgerüst gebaut. Anschließend verkleiden Sie das Ganze mit **Maschendraht**.

Wenn Ihr Garten es zulässt, können Sie alternativ einen hohen Zaun setzen und bei etwa zwei Metern den Maschendraht ein gutes Stück nach innen abgewinkelt anbringen. Dann müsste die Katze über Kopf hängend klettern, um über den Zaun zu gelangen.

Aber auch bereits fertige, leider auch sehr teure **Komplettlösungen** für Freigehege sind im Handel erhältlich und lassen sich auch mit zwei linken Händen leicht im eigenen Garten zu einer Katzenoase zusammenbauen.

Natürlich macht eine eingezäunte Rasenfläche noch kein Stubentigerparadies. Auch für die Gestaltung eines Freigeheges gilt das gleiche wie für die Einrichtung einer katzengerechten Wohnung: Ob **Außenkratzbaum**, **Hängematte** oder **Brunnen**, lassen Sie Ihre Fantasie spielen und bieten Sie Ihrer Katze genügend Möglichkeiten, sich zu verstecken, zu toben, zu klettern und ein Schläfchen zu halten.

VORSICHT, AUSBRUCHSGEFAHR!

Haben Sie Ihren Gartenzaun katzensicher präpariert, achten Sie darauf, dass die Katze ihn nicht trotzdem von einem erhöhten Platz aus überwinden kann. Unterschätzen Sie dabei nicht ihr Sprungtalent! Mindestens zwei Meter sollte ein Baum oder ein erhöhter Gegenstand vom Zaun entfernt sein, damit Ihre Katze ihn nicht überspringen kann.

◀ *Im Haus* lauern viele Gefahren!

▲ *Ein Freigehege* lässt sich vielfältig gestalten.

▲ *Ein* Dreamteam.

Der perfekte
Katzenmensch

Es gibt kaum jemand, der dem Anblick eines süßen, tapsigen Kätzchens leicht widerstehen könnte. Dennoch stellen sich viele Menschen das **Zusammenleben** *mit einer Katze anders vor, als es ist.*

Schnell wird das einst so süße Kitten dann zur Last, weil man sich erst zu spät Gedanken um das **Wesen** und die **Bedürfnisse** der nicht lange kleinen Katze gemacht hat. Doch das muss nicht sein. Bevor Sie also für die nächsten 15 bis 20 Jahre eine Samtpfote bei sich aufnehmen, machen Sie sich lieber einmal zu viel als zu wenig Gedanken über alle **Konsequenzen**, die diese Anschaffung mit sich bringt.

Wird die Katze bei mir glücklich?

Ü berlegen Sie sich genau, ob Sie Ihrer Katze ein Heim auf **Lebenszeit** bieten können. Dazu ist es natürlich wichtig, dass nicht nur Sie, sondern alle in Ihrem Haushalt lebenden Personen von der Anschaffung eines Stubentigers überzeugt sind und nicht **allergisch** auf den Neuankömmling reagieren. Eine Katze braucht mehrere Stunden **Aufmerksamkeit** am Tag und will zuverlässig gepflegt werden. Haben Sie die Zeit und Muße dazu? Macht es Ihnen etwas aus, das **Katzenklo** zu säubern oder auch mal **Erbrochenes** zu entfernen? Können Sie es ertragen, wenn die Katze Ihre Krallen auch an einem Möbelstück statt an ihrem **Kratzbaum** schärft oder etwas in Ihrem Haushalt komplett zerstört?

Sind Sie außerdem bereit dazu, Katzenhaaren auf Ihren Möbeln und Kleidungsstücken täglich mit Staubsauger und Fusselrolle zu Leibe zu rücken?

▲ **Katzen** *bereiten vor allem eins: Viel Freude!*

Diese und alle weiteren Fragen sollten Sie positiv beantworten können, bevor eine Miez in Ihr Heim zieht. Besitzen Sie schon andere Heimtiere, muss natürlich überlegt werden, ob diese sich vertragen. Und auch die **finanzielle Seite** darf nicht außer Acht gelassen werden, denn eine Katze wird auch mal **krank** und notwendige Behandlungen beim **Tierarzt** können dann schnell drei- bis vierstellige Beträge verschlingen.

Katzen lassen sich auch nicht in ihrem **Körbchen** ablegen, sondern tun im Großen und Ganzen das, was sie wollen und wo es ihnen beliebt. Das bedeutet für Sie zum einen, dass Sie Ihre **Wohnung**, zum anderen Ihren **Lebensrhythmus** auf die Katze abstimmen müssen.

Verbringen Sie viel Zeit unterwegs und an der frischen Luft, wäre ein Hund vielleicht die bessere Wahl als eine Katze, denn diese macht Sie schnell zum Stubenhocker.

Auch wenn draußen das schönste Wetter herrscht, können Sie Ihre Katze nicht zum gemeinsamen Baden im See mitnehmen. Sie wird allenfalls den Balkon mit Ihnen teilen. Den ganzen Tag allein lassen können Sie sie aber nicht. Überlegen Sie sich deshalb, ob Sie Ihrer Samtpfote zuliebe auch mal auf Abende außer Haus und auf Spontanurlaube verzichten können.

FLEXIBEL BLEIBEN

Auch wenn Katzen sehr anpassungsfähig sind, müssen Sie sich darauf einstellen, dass vor allem Sie es sind, die sich Ihrer Katze anpassen müssen. Während die meisten Heimtiere ihr Leben in Käfigen, Aquarien, Terrarien und Gehegen verbringen, teilen Katzen mit ihren Menschen die ganze Wohnung.

Wenn ich mal nicht da bin: Die Urlaubsversorgung

Steht der nächste **Urlaub** an, stellt sich jedem Katzenhalter unweigerlich die Frage, wohin mit dem geliebten Vierbeiner. Schließlich will dieser ja auch während der Abwesenheit seines Dosenöffners regelmäßig frisches Futter und Wasser, Streichel- und Spieleinheiten sowie ein sauberes Katzenklo haben.

Da Katzen nur sehr ungern **reisen**, ist eine Betreuung der Mieze im gewohnten **Zuhause** meist die beste Wahl. Wenn Sie keine Verwandten oder Bekannten haben, die sich zuverlässig ein- bis zweimal am Tag um Ihre Katze kümmern können, bieten sich entweder professionelle **Katzensitter** oder eine **Katzenbetreuung** auf Gegenseitigkeit an.

Machen Sie sich so frühzeitig wie möglich auf die Suche nach dem Katzensitter Ihres Vertrauens und weisen Sie diesen gründlich ein. Wenn Ihre Katze ihren Betreuer schon vor Ihrem Urlaub kennenlernen und sich mit ihm vertraut machen kann, dann fällt der **Abschied** auch nicht ganz so schwer. Zwei oder mehrere Katzen allein zu lassen ist zunächst grundsätzlich einfacher, da diese sich während Ihrer Abwesenheit gegenseitig **beschäftigen** können. Machen Sie Ihrer Urlaubsvertretung eine **Liste** mit den wichtigsten Dingen wie dem gewohnten Futter, den zu erledigenden Tätigkeiten und der Nummer des Tierarztes für den Notfall.

▶ **Kommt** die Katze mit in den Urlaub, sollte dies gut überlegt sein!

Wenn eine Betreuung bei Ihnen Zuhause nicht möglich ist, können Sie alternativ auch Verwandte und Bekannte darum bitten, die Katze bei sich aufzunehmen und dort zu versorgen. Für etwa sechs bis zehn Euro pro Katze und Tag bieten aber auch **Tierpensionen** die Unterbringung und Pflege Ihrer Katze an. Hier muss sie aber gleich mit zwei Dingen klarkommen: der neuen **Umgebung** und neuen **Bezugspersonen**. Wägen Sie daher gut ab, ob eine Betreuung bei Ihnen Zuhause nicht doch möglich ist.

Ist Ihre Katze das **Autofahren** gewöhnt und auch sonst eher unempfindlich, was Veränderungen betrifft, können Sie die Katze natürlich auch in den Urlaub mitnehmen. Hier sind aber einige Vorbereitungen mehr vonnöten. Nicht jede **Ferienunterkunft** erlaubt das Mitbringen von Haustieren und bei einer Reise ins **Ausland** sind außerdem die entsprechenden **Einreisebestimmungen** zu beachten. Informieren Sie sich darum frühzeitig über die benötigten Impfungen und Papiere, die Kennzeichnungspflicht und die Beförderungsbestimmungen, wenn Sie mit Flugzeug, Bus oder Bahn verreisen. Vergessen Sie außerdem nicht, auch für Ihre Katze einen Koffer mit Katzenklo, Streu, Spielzeug und dem gewohnten Futter zu packen. Lassen Sie Ihre Katze am Urlaubsort aber auf gar keinen Fall ins Freie, sondern behalten Sie sie in Ihrer Ferienunterkunft. Die Gefahr, dass Sie ohne Ihre Katze aus dem Urlaub zurückkehren, ist sonst viel zu groß.

So viel Aufmerksamkeit braucht meine Katze: Fellpflege, Schmuseeinheiten und Co.

Zweimal täglich füttern, Näpfe und Katzenklos reinigen – um eine Katze mit dem Nötigsten zu versorgen, dazu bedarf es nur etwa einer dreiviertel Stunde Zeit am Tag. Damit ist es jedoch noch nicht getan. Um rundum glücklich zu sein, brauchen Katzen noch etwas mehr Zuwendung als das. **Langhaarige** Tiere müssen gebürstet, **kranke Tiere** gepflegt und alle bespielt und geschmust werden. Diese Zeit müssen Sie sich jeden Tag nehmen und sollten nach Möglichkeit auch eine gewisse **Regelmäßigkeit** in diesen Ablauf bringen. Wie viel Aufmerksamkeit die jeweilige Katze dabei benötigt, hängt natürlich ganz von ihr ab. Wohnungskatzen bauen oft eine enge **Bindung** zu ihren Menschen auf und sollten daher nicht länger als ein paar Stunden alleine gelassen werden – **Einzelkatzen** sowieso nicht. Während **Freigänger** bei Abwesenheit ihrer Besitzer draußen auf die Jagd gehen, Abenteuer erleben und Sozialkontakte pflegen können, sind Wohnungskatzen in einer relativ reizarmen Umgebung zur Untätigkeit verdammt. Einer solch tödlich gelangweilten Samtpfote sieht man ihre **Einsamkeit** und **Unterforderung** oftmals noch nicht einmal an. Katzen leiden still und werden sich lieber den ganzen Tag zur Ruhe legen und auf Sie warten als die Nachbarn durch lautes Miauen zur Weißglut zu bringen. Eventuell wird eine Katze **unsauber** oder stellt aus Langeweile allerlei Unsinn an. Dann ist die Spitze des Eisbergs aber schon lange erreicht und Sie und Ihre Katze haben ein ernsthaftes Problem.

Die Katze wird gerne Zeit mit Ihnen teilen, aber wie, das bestimmt sie. Manche Tiere möchten einfach nur **Gesellschaft** haben und das auch, während sie schlafen. Kaum verlässt man den Raum, ist die Mieze wieder wach und tut lautstark ihre Enttäuschung kund. Wann sie gestreichelt, bespielt und in Ruhe gelassen werden will, das bestimmt sie. Natürlich sollten Sie Ihre Katze regelmäßig zum **Spielen** auffordern und sich mit ihr beschäftigen. Nicht immer wird sie bei dieser Aufforderung aber vor Freude in die Luft springen, sondern Ihnen vielleicht auch mal die kalte Schulter zeigen oder anderweitig ihr Desinteresse demonstrieren.

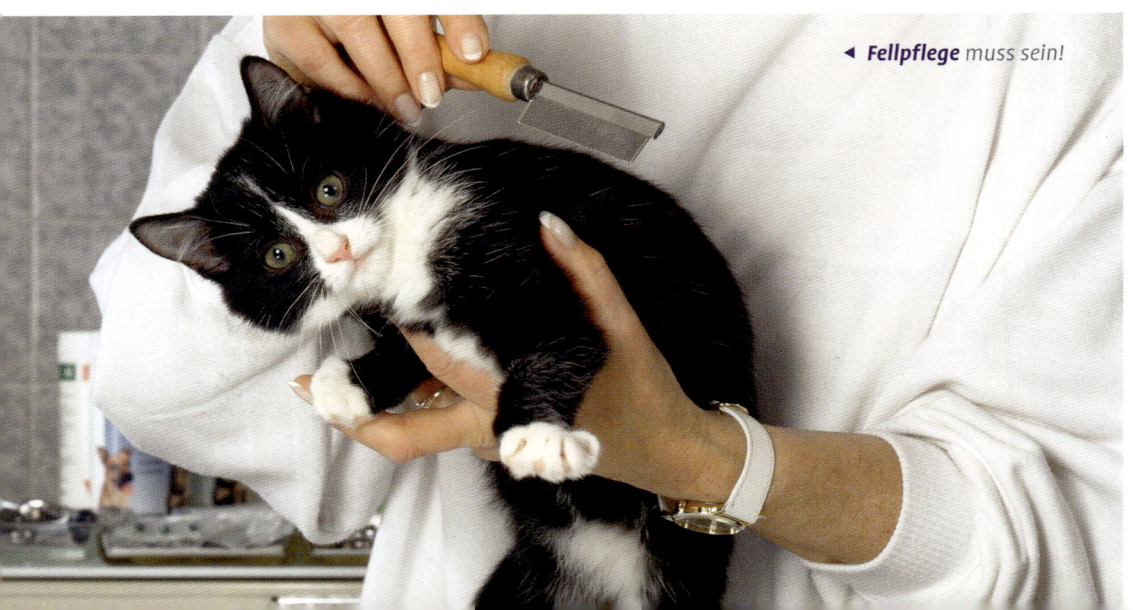

◄ *Fellpflege* muss sein!

Beiderseitige Erziehung

Katzen sind unabhängig, Katzen sind nicht zu erziehen: So lautet ein altes Märchen. Auch, wenn es in einer Katzengruppe keine feste **Rangordnung** gibt heißt das aber nicht, dass Sie sich von Ihrer Katze auf der Nase herumtanzen lassen müssen. Sitz und Platz wird sie zwar nur lernen, wenn sie Spaß an **Kunststückchen** hat – eine bodenständige Grunderziehung stellt aber in der Regel kein Problem dar.

Im Gegensatz zu den meisten Tieren teilen Katzen mit uns die gesamte Wohnung, ihr Betätigungsraum ist nicht auf ein bestimmtes Zimmer oder gar auf einen Käfig beschränkt. Darum brauchen auch Katzen Grenzen – denn wer mag schon Pfotenabdrücke in der Butter oder Hinterlassenschaften im Blumentopf?

Führen Sie sich immer eins vor Augen: Ein Tisch ist für die Katze kein Tisch, sondern eine erhöhte Aussichtsplattform, auf der es manchmal Leckerbissen gibt. Ihr Regal mit der wertvollen Autosammlung ist vielleicht noch viel interessanter, denn dort gibt es neben der perfekten Aussicht viele kleine Gegenstände, die man herum schubsen und antippen kann … Es liegt also an uns, der Katze **Grenzen** zu zeigen und ihr begreiflich zu machen, welche Orte sie uns zuliebe meiden sollte.

Katzen sind sehr sensible Tiere und uns körperlich stark unterlegen. Greifen Sie darum niemals auf gewaltsame Strafen zurück, mit diesen erreichen Sie garantiert nicht das Gewünschte! Ihre Katze wird Sie und Ihre Hand bald fürchten und meiden. Viel besser sind sogenannte „neutrale" Erziehungsmethoden wie zum Beispiel doppelseitiges **Klebeband** auf der Küchenanrichte für Katzen, die gerne aus den Kochtöpfen stibitzen. Solche Erziehungsmethoden wirken auch dann, wenn Sie nicht da sind – denn es gibt wahnsinnig viele angeblich wohlerzogene Katzen, die auf Tisch und Küchenanrichte tanzen, sobald der Mensch aus dem Haus ist!

WIE ERZIEHT MAN EINE KATZE?

Das Geheimnis lautet „Konsequenz": Zeigen Sie Ihrer Katze vom ersten Tag an Grenzen auf und geben Sie ihr klares Feedback, was sie tun darf und was nicht. Früh übt sich – das gilt auch in Sachen Katzenerziehung. Von Anfang an konsequent zu sein, ist sehr viel einfacher, als Erziehungsfehler wieder auszubügeln!

▲ **Auch für Katzen** gibt es bestimmte Tabubereiche!

Als schnelle Reaktion auf ein Fehlverhalten wie zum Beispiel den Sprung auf den Esstisch oder das Krallenwetzen am Sofa eignet sich ein leichtes **Klatschen** in die eigenen Hände oder ein scharfes „Nein!". Bei robusteren Naturen greifen viele Katzenhalter auf den Wasserstrahl einer **Blumenspritze** zurück. Doch abgesehen davon, dass wohl niemand gerne seine eigene Wohnung nass spritzt, kann der harte Strahl der Blumenspritze oder Wasserpistole auch körperlichen Schaden hervorrufen – beispielsweise dann, wenn er die Katze genau ins Auge oder ins Ohr trifft. Probieren Sie es darum zuerst mit akustischen Signalen!

Sie werden sehen: Reagieren Sie sofort und konsequent auf ein falsches Verhalten Ihrer Katze, wird diese die Unarten bald Unarten sein lassen. Zumindest dann, wenn Sie anwesend sind …

Wer immer noch Katzenhaare auf dem Esstisch findet, sollte es dann doch mit Klebeband oder Alufolie probieren.

Die Goldenen Regeln

Doch was muss eine Katze überhaupt können oder was darf sie sich im Zusammenleben mit dem Menschen nicht leisten? Wie Sie Ihre Katze erziehen, ist zuerst Ihre Sache. Wenn Sie Kratzspuren am Schrank und Katzenhaare im Essen mögen – wieso nicht? Wundern Sie sich dann aber nicht, dass Ihre Freunde bald die Einladung zum gemeinsamen Kochen und anschließenden Essen ausschlagen werden.

TIPP

Für die durchschnittliche Katze reichen die folgenden Goldenen Regeln aus:

- ▶ Das Geschäft wird in der Katzentoilette verrichtet.
- ▶ Beim Spielen mit dem Menschen wird alles eingesetzt – nur Krallen und Zähne nicht.
- ▶ Krallen werden am Kratzbaum gewetzt, weder am antiken Kleiderschrank noch am Ledersofa.
- ▶ Egal, wie gut es riecht: Menschen-Futter ist tabu!
- ▶ Der Esstisch ist kein Spielplatz.
- ▶ Auf den eigenen Namen zu hören.

Welche Priorität Sie diesen **Erziehungsregeln** zubilligen, entscheiden Sie selbst – vielleicht möchten Sie die Liste ja auch noch um eigene Ideen erweitern? Viele Katzenfreunde mögen es beispielsweise nicht, wenn ihre Katze im Bett schläft. Wer schon öfter schreiend aufgewacht ist und zuallererst die Kralle seiner Katze aus dem Fuß ziehen musste, weiß warum …

Beachten Sie hierbei aber eins: Natürlich kann man von einer Katze auch nur katzentypisches Verhalten erwarten. Bieten Sie Ihrer Katze keine artgerechte Katzentoilette, möglichst groß und ohne Haube, wird sie ihr Geschäft lieber im Blumenkasten verrichten. Hat sie keine Möglichkeit, sich auszutoben, wird sie die angestaute Energie beim Spiel mit dem Menschen loslassen und hier auch Zähne und Krallen einsetzen. Der erste Schritt zur erfolgreichen Erziehung ist somit die artgerechte Umgebung.

Erziehung als Spiel

Ja, es gibt sie: Katzen, die Spaß an kleinen **Kunststückchen** haben. Diese übereifrigen Naturen scheinen von dem bekannten Grundsatz „Katzen lassen sich nicht erziehen" nichts wissen zu wollen und nehmen begeistert kleinere Übungen mit **Clicker** und Targetstab an, lernen kleine Kunststücke und lassen sich mit diesen Hilfsmitteln sogar sehr gut erziehen.

So attraktiv die Idee einer „dressierten" Katze auch ist und so interessant Ihnen Clicker und Co. als Erziehungsmittel erscheinen: Nicht jede Katze hat Spaß an derartigen Übungen und selbst die, die ab und an Gefallen daran finden, haben ihre eigene Vorstellung von den „Trainingszeiten". Hören Sie also auf Ihre Katze und lassen Sie sie selbst wählen, ob und wann sie Lust auf Erziehungsspiele hat!

Eine mittlerweile sehr bekannte und beliebte Erziehungsmethode ist der sogenannte **Clicker**. Konstruiert wie ein bekannter Knackfrosch gibt er beim Drücken einen hohlen Knackton von sich. Eine genaue Beschreibung zum Clickertraining finden Sie im Spiel-Kapitel (Seite 52)!

▶ **Neugierig** *und aufmerksam: Kleine Katzen entdecken die Welt auf ihre Art.*

Warum Katzen spielen müssen

Beobachtet man kleine Kätzchen eine Weile, besteht ihr Tagesablauf vor allem aus Schlafen, Fressen und Spielen. Da wird angepirscht, angegriffen und gebalgt und bevor die Kleinen nicht erschöpft einschlafen, sind sie kaum zu bändigen.

Das Ganze macht nicht nur den Kätzchen und ihren Zuschauern Spaß, sondern erfüllt auch einen ganz praktischen Zweck: Durch das Spielen lernen die Kleinen fürs Leben. Sie lernen ihren eigenen **Körper**, ihre **Fähigkeiten** und **Grenzen** kennen, üben verschiedene **Bewegungen** und **Verhaltensweisen** und wie sie ihre **Kräfte** angemessen einsetzen. Vor allem aber üben sie das **Jagen**. Da werden die Geschwisterchen angesprungen und gebissen und auch der Angreifer selbst wird schnell zum Angegriffenen. Schließlich müssen alle die Lektionen trainieren. Die einzelnen Jagdbewegungen müssen die Kleinen dabei nicht erst mühsam erlernen, denn der **Jagdtrieb** ist allen Katzen angeboren. Doch nicht nur Kitten spielen wie die Verrückten, auch erwachsene Katzen gehen ihrem

Spieltrieb noch bis ins hohe Alter nach. Und das ist auch gut und wichtig, trainieren Katzen beim Spielen doch ihren gesamten Körper.

Kleine Löwen brauchen Abenteuer

Eine wildlebende Katze ist den Großteil des Tages mit der **Jagd** beschäftigt. Kein Wunder, muss sie doch einige Mäuse fangen, um ihren Hunger zu stillen. Diese werden ihr aber in den wenigsten Fällen freiwillig ins Maul springen. So ist denn auch der gesamte Katzenkörper auf regelmäßige **Bewegung** und geistige **Beschäftigung** eingestellt: Revier kontrollieren, Beutetiere aufspüren, anschleichen, lauern und los! Auch muss das Revier gegen Eindringlinge verteidigt oder Reißaus vor Feinden genommen werden. Draußen ist eine Katze also außerhalb ihrer Ruhephasen ständig in Bewegung.

Bei reinen **Wohnungskatzen** sieht das schon ganz anders aus. Nur selten bis nie verirrt sich eine Maus, ein fremder Artgenosse oder gar ein Feind in die Wohnung. Höchstens ein paar Mücken und Fliegen wagen sich in das kätzische Hoheitsgebiet. Während das **Revier** einer Freilaufkatze im Durchschnitt etwa einen halben bis einen Quadratkilometer umfasst, haben Wohnungskatzen oft nicht viel mehr als hundert Quadratmeter zur Verfügung – manchmal sogar noch weniger. Hier wechseln keine Jahreszeiten, es gibt kaum Veränderungen und erst recht keine Beutetiere, die erjagt werden müssen. Trotzdem brauchen auch Wohnungskatzen **Herausforderungen**. Körper und Geist wollen trainiert werden, sonst wird die Katze eventuell nicht nur dick, sondern verkümmert geistig und wird apathisch oder anderweitig **verhaltensauffällig**.

Natürlich ist das beste Mittel gegen **Langeweile** ein gleichgesinnter **Raufkumpan**, mit dem es sich durch die Wohnung toben, ärgern und kuscheln lässt. Doch auch dieser kann nicht alles ersetzen, was die große weite Welt einer Katze zu bieten hat.

Darum muss der Besitzer eingreifen und seine Stubentiger zu mehr körperlicher und geistiger **Aktivität** verhelfen. Manche Katzenbesitzer lassen ihren Tieren einfach ein wenig **Spielzeug** liegen, in der Hoffnung, die Katze werde sich in ihrer Abwesenheit schon selbst beschäftigen. Die wenigsten Katzen spielen allerdings von sich aus mit einem herumliegenden, bewegungslosen Spielzeug. Beim Spielen übt eine Katze den Ernstfall und trainiert ihre **Fangtechnik**. Doch dazu muss sich das Spielzeug zuerst einmal wie echte **Beute** verhalten. Möglichst mausgroß sollte es sein, ein wenig rascheln, knistern oder fiepen und sich bewegen. Katzen reagieren instinktiv auf kleine, schnelle Objekte, weshalb eine leblose Plüschmaus sie nur in den seltensten Fällen zum Spielen animieren wird. Manche Katzen geben ihrem Spielzeug selbst den entscheidenden Stoß, um es dann zu jagen. Zweifellos macht es aber viel mehr Spaß, wenn Herrchen oder Frauchen das übernehmen.

Darum verbringen die meisten Stubentiger die Zeit, in der ihr Besitzer abwesend ist, mit Schlafen, Dösen und dem Warten auf seine Rückkehr. Dann aber wollen sie beschäftigt werden und wehe, Herrchen oder Frauchen möchte sich erst die Schuhe ausziehen oder gar nach der anstrengenden Arbeit vor dem Fernseher ausspannen!

▼ *Auch* älteren Fellnasen bietet das Spiel *mit dem Menschen jede Menge!*

*▲ **Bewegte Objekte** sind besonders beliebt.*

Etwa eine Stunde am Tag, bei aktiven Tieren noch mehr, aufgeteilt in zwei bis vier **Spieleinheiten**, will Ihre Katze von Ihnen gefordert werden. Reservieren Sie sich etwas Zeit pro Tag, in der Sie sich nur mit Ihren Samtpfoten beschäftigen, sie werden es Ihnen danken.

Katzen beschäftigen

Eine Katze mit Fellmaus, Federwedel und Co. zum Spielen zu animieren, ist meist nicht schwer. Im Handel ist eine Vielzahl an Spielzeug in allen erdenklichen Formen und Farben erhältlich, das sich sehr gut zur Beschäftigung eignet. Beliebt ist meistens alles, was der echten **Beute** ähnelt. Nicht jede Katze wird aber von jedem Spielzeug gleich angetan sein. Finden Sie daher heraus, welches Spiel Ihrer Katze am meisten Freude bereitet und wählen Sie das zukünftige Spielzeug danach aus.

Ausgefallene Spielideen

Die gängigsten Spielzeuge für Katzen sind wahrscheinlich solche in **Mäuseform**. Damit können sich einige Samtpfoten scheinbar ewig beschäftigen und üben immer wieder die **Jagd** mit der bald arg ramponierten Spielmaus. Andere Katzen sind nicht ganz so leicht zu beeindrucken. Ihnen und auch dem begeisterten

BIG BROTHER

Wenn Sie wissen wollen, was Ihre Katzen in Ihrer Abwesenheit alles anstellen, leihen Sie sich doch einmal eine Kamera aus und beobachten Sie Ihre Samtpfoten. Wahrscheinlich werden sie ruhig auf Ihre Rückkehr warten, an verbotenen Plätzen dösen oder aus dem Fenster sehen. Manchmal haben die Vierbeiner aber doch noch ein paar Überraschungen parat, mit denen Sie nie gerechnet hätten!

Mäusefänger kann man mit ein paar ausgefalleneren Spielzeugen eine große Freude bereiten. Ob die Spielzeugmaus allerdings lila gepunktet ist oder gar eine Mischung aus Fisch, Maus und Vogel, ist Ihrer Katze egal. Die täuschend echte Nachahmung eines **Beutetiers**, ein betörender **Duft** oder die Aussicht auf ein **Lieblingsleckerli** können sie jedoch in einen Spielrausch versetzen.

Die Maus im Wohnzimmer

Das beste Spielzeug für eine Katze ist und bleibt eine lebendige Maus. Keine Angst, Sie müssen natürlich keine echten Mäuse in Ihrer Wohnung aussetzen, um Ihrer Katze die Möglichkeit zum Jagen und Spielen zu geben! Wenn Ihr Stubentiger das gekaufte Plüschmäuschen mit Verachtung straft, obwohl es einer echten Maus zum Verwechseln ähnlich sieht, fehlt vielleicht nur noch ein kleiner Anreiz, um das Mäuschen interessant zu machen.

Echte Beute ist schließlich nicht nur durch ihre **Größe** interessant, sondern auch durch die **Geräusche**, die sie von sich gibt, oder die **Bewegungen**, die sie macht. Ein lebloses, stummes Plüschmäuschen ist daher nur bedingt ansprechend, muss es doch zunächst einmal von der Katze selbst in Bewegung gebracht werden. Binden Sie dieselbe Maus allerdings an eine **Schnur** und ziehen Sie diese daran an der Katze vorbei, bleiben nur wenige Katzen desinteressiert sitzen. Wenn das Mäuschen dabei noch leise Geräusche von sich gibt, etwa **rasselt** oder **klingelt**, wird Ihre Samtpfote mit Sicherheit Interesse daran zeigen.

Manche Katzen finden allerdings das Mäuschen im **Versteck** interessanter. In der einfachen Variante reicht oft ein ausrangiertes **Handtuch** aus, unter dem sich das **Mäuschen** an der Leine oder ein **Federwedel** bewegt. Ihre Katze wird sich mit Freude darauf stürzen und die unter dem Tuch gefangene Beute mir allen vier Pfoten malträtieren.

Vielleicht ist sie aber auch eher der sanftere Typ und liebt es, in **Mauselöchern** oder **Boxen** nach der Maus zu angeln? Hierfür gibt es spezielles Spielzeug, das einem durchlöcherten **Käse** ähnelt oder gleich ganze **Spielbahnen**, in denen sich Bällchen oder Spielzeugmäuse vor der Katze verbergen. Ihre Katze wird das Spielzeug zwar in der Regel nie erreichen, es durch leichtes **Antippen** aber in Bewegung versetzen und ihm hinterher pfoteln oder jagen können. Manche Katzen können sich mit solchem Spielzeug stundenlang beschäftigen, andere demotiviert der fehlende **Jagderfolg**, bei dem sie das Spielzeug nach Katzenmanier erlegen können.

Für Katzen, die statt auf Mäuse- lieber auf **Vogeljagd** gehen, sind **Katzenangeln** im Handel, die optisch und akustisch einem Vogel sehr ähnlich sind. Mit solch einem Spielzeug werden Sie Ihrer Katze im wahrsten Sinne des Wortes das Fliegen beibringen. Ihr

Stubentiger wird sein **Sprungtalent** unter Beweis stellen, wenn er versucht, das vermeintliche Vögelchen zu fangen. Stellen Sie **Zerbrechliches** und für die Katze **gefährliche Gegenstände** also lieber beiseite, wenn sie mit solch einer Angel mit ihr spielen.

TIPP

Schneiden Sie in einen ausrangierten Karton ein paar Löcher, durch die Ihre Katze nur die Pfoten stecken kann und befüllen Sie ihn mit Tischtennisbällen, ein paar Spielzeugmäusen, etwas zerknülltem Zeitungspapier und ein paar Leckerlis. Ihre Katze wird bestimmt eine Weile damit beschäftigt sein, nach den ganzen interessanten Dingen zu pfoteln und sie aus ihrem Versteck zu fischen.

Wollen Sie den Karton auch noch geruchlich interessant machen, können Sie statt dem zerknüllten Zeitungspapier auch duftendes Heu verwenden. Wenn Sie den Karton nach dem erschöpfenden Spiel für Ihre Katze öffnen, wird sie vielleicht sogar ein Nickerchen in dem wohlriechenden Grün machen.

▼ *Welches Spielzeug ist das Richtige?*

Baldrian, Katzenminze und Co.

Die Welt der Düfte ist für Katzen mit ihren sensiblen Nasen um ein Vielfaches intensiver und aufregender als für uns Menschen. Kein Wunder also, dass sie nicht nur mithilfe von Gerüchen **kommunizieren**, sondern durch einige Düfte sogar in echte **Ekstase** verfallen können.

Der bekannteste Duft ist dabei wohl der von **Katzenminze**, auch Catnip genannt. Katzenminze ist eine in Südeuropa, Asien und Afrika heimische Pflanze, die viele Katzen magisch anzuziehen scheint. Mit Katzenminze versehenes Spielzeug wird euphorisch bespielt, abgeschleckt und sich darauf gewälzt. Bei Kitten und älteren Tieren ist die Wirkung der Katzenminze nicht so sehr ausgeprägt wie bei erwachsenen Tieren und auch nur jede zweite Katze springt auf den Duft der Katzenminze an. Ob eine Katze diesen betörend findet oder nicht, ist **genetisch** festgelegt.

Probieren Sie einfach aus, ob Sie Ihrer Katze mit Katzenminze eine Freude machen können. Fertiges Spielzeug mit Katzenminze erhalten Sie in jedem Zoofachhandel.

Sie können aber auch getrocknete Katzenminze erwerben und diese in selbst gemachtes Spielzeug einnähen (siehe „Spielzeug selber basteln", Seite 53) oder die Pflanze selbst aus Samen ziehen und trocknen und Ihrer Katze gleichzeitig mit einem ganzen **Katzenminzetopf** eine besondere Freude machen.

Viel intensiver reagieren Katzen allerdings auf den Geruch von getrockneter **Baldrian**- oder **Geißblattwurzel**. Die Samtpfoten können von diesem Duft in einen 15-minütigen **Rausch** verfallen, bei dem sie sabbern, sich herumwälzen und auch aggressiv

SPIELZEUG INTERESSANT MACHEN

Im gut sortierten Zoofachhandel sind Duftsprays für Katzen erhältlich, die Katzenminze- oder Baldrianextrakt enthalten. Sprühen Sie ein unbeliebtes Spielzeug damit ein, wird Ihre Katze es in nächster Zeit nicht mehr mit Verachtung strafen.

▲ *Frische Katzenminze bietet einen besonderen Anreiz!*

werden können. Aber keine Sorge, weder Baldrian- noch Geißblattwurzeln machen süchtig, sodass Sie Ihrer Katze den Rausch bedenkenlos ab und an gönnen können. Seien Sie aber vorsichtig und verwenden Sie wirklich nur die im sehr gut sortierten Fachhandel erhältlichen Geißblattwurzeln, da andere Pflanzenteile des Geißblatts für die Katze **giftig** sind!

Spielzeug mit Baldrianwurzeln sollten Sie in einer **geruchsdichten** Verpackung zwischen den Spielzeiten aufbewahren, denn dieses riecht nur für Katzen gut. Wer eine empfindliche Nase hat, sollte seine Samtpfote mit solchem Spielzeug vielleicht besser auf dem Balkon spielen lassen und anschließend ein wenig Abstand vom intensiven Kuscheln mit der Katze nehmen.

Intelligenz- und Geschicklichkeitsspielzeug

Ist Ihre Katze eher ein Tüftler oder ein heimliches Genie im Katzenpelz, können Sie ihren **Geist** und ihre **Geschicklichkeit** auch durch spezielles **Intelligenzspielzeug** schulen. Der Anreiz, an diesem Spiel teilzunehmen, sind meist ein paar **Leckerchen** oder **Trockenfutterbröckchen**, die im Spielzeug versteckt werden. Die Katze muss nun mithilfe von Kopf und Pfoten versuchen, an das Leckerli zu gelangen. Dabei müssen entweder Klappen geöffnet, Bällchen weggeschubst oder spezielle Pföteltechniken entwickelt werden.

Es gibt solches Spielzeug aus **Holz** oder aus **Plastik**. Sie können eine einfache Übung aber auch selbst ausprobieren, indem Sie eine leere **Eierschachtel** mit Leckerlis füllen oder diese unter einem **Plastikbecher** verstecken. Zuerst so, dass die Katze das Leckerli sieht und auch ohne Probleme erreichen kann, später mit gesteigerter **Schwierigkeitsstufe**. Haben Sie **Geduld** mit Ihrer Samtpfote, nicht jede ist ein geborener Einstein!

Der Vorteil von so einem Intelligenzspielzeug ist neben der **geistigen Betätigung** Ihrer Katze aber auch, dass sie sich damit **selbst beschäftigen** kann, während Sie außer Haus sind. Aus einem sogenannten **Fummelbrett** kann Ihre Katze beispielsweise in Ihrer Abwesenheit einen Teil ihrer **Futterration** selbst erarbeiten. Ein Katzenfummelbrett ist eine stabile **Platte**, auf der verschiedene **Module** angebracht sind, aus denen die Katze mit etwas Geschick **Trockenfutterbröckchen** oder auch mal ein **Leckerli** herausangeln kann.

Welche Module das sind, bleibt Ihnen, beziehungsweise den Vorlieben Ihrer Katze überlassen. Geeignet sind unter anderem leere **Klopapierrollen**, mit **Tischtennisbällen** gefüllte **Plastikschalen**, ein Parcours aus **Steinen**, **Stöcken** oder **Korken** oder aber auch die schon erwähnte **Eierschachtel**. Der Fantasie sind beim

▶ **Viele Katzen** lieben die Herausforderung. Umso besser, wenn dabei noch etwas Leckeres für die Fellnase herausspringt!

Gestalten eines Fummelbretts kaum Grenzen gesetzt, solange sich die Katze beim Spielen nicht verletzen kann.

Ein weiteres Spielzeug dieser Art ist der **Snackball**. Dabei handelt es sich um einen Ball mit einer verstellbaren Öffnung, aus dem bei Bewegung Leckerlis oder Trockenfutter herausfallen. Es gibt diesen Ball auch mit gesteigerter Schwierigkeitsstufe, das heißt mit einem **Labyrinth** im Inneren, sodass es etwas länger dauert, bis etwas herausfällt.

NACHHILFE FÜR DIE KATZE

Versteht Ihre Katze den Sinn des neuen Intelligenz- oder Geschicklichkeitsspielzeugs nicht so ganz, scheuen Sie sich nicht, ihr vorzumachen, wie es geht. Katzen lernen viel durch zuschauen und werden schnell von Ihnen oder einem Artgenossen lernen, an die begehrten Leckerchen zu kommen.

Seien Sie nicht enttäuscht, wenn Ihre Katze das sorgfältig ausgewählte Spielzeug links liegen lässt. Katzen meinen das nicht böse oder wollen ihren Besitzer damit ärgern. Sie ist wahrscheinlich gerade einfach nur nicht in **Spiellaune** oder findet das Spielzeug leider nicht so **spannend**, wie Sie es vermutet hatten. Das beste Spielzeug ist zumeist sowieso solches, was nichts gekostet hat und in jedem Haushalt vorhanden ist: ein Stück **Paketschnur**, ein **Flaschendeckel** oder ein **Papierkügelchen**!

Gesellschaftsspiele für Mensch und Katze

Nicht nur Katzen, die sehr auf ihren Menschen bezogen sind, spielen gern mit Frauchen oder Herrchen gemeinsam. Auch eher **introvertierte** Tiere lassen sich gerne von ihrem Besitzer zu einem Spiel überreden. Ob Sie Ihrer Katze beim **Intelligenztraining** assistieren, das **Bällchen** für sie schubsen oder die **Spielangel** bewegen, ist dabei egal. Zusammen spielt es sich schließlich am besten!

Es gibt auch Katzen, die mit ihren Besitzern zusammen **Verstecken** oder **Fangen** spielen oder sogar Bällchen **apportieren**. Diese Spiele gehen meist von der Katze aus, sodass sie kaum Einfluss auf die Entstehung und den Verlauf des Spiels nehmen können.

Bällchen zu apportieren und andere Kunststücke zu vollführen, können Sie Ihrer Katze jedoch beibringen. Dazu eignet sich beispielsweise das **Clickertraining**. Ein **Clicker** gibt auf Knopfdruck ein immer gleiches Geräusch ähnlich dem eines Kugelschreiber-Klickens von sich. Die Katze lernt zunächst, dieses Klicken als **Bestätigung** zu verstehen. Dazu wird geklickt und sofort im Anschluss ein **Leckerchen** gegeben. Dies wird immer wieder an verschiedenen Orten und zu verschiedenen Zeiten wiederholt, bis die Katze das Klicken und die Belohnung durch das Leckerchen miteinander **verbindet**. Dann folgt der nächste Schritt.

Überlegen Sie sich zunächst, was Ihre Katze lernen soll und beginnen Sie mit einer **einfachen Übung** wie dem **Hinsetzen**. Das ist eine Bewegung, die Ihre Katze mehrmals am Tag von sich aus tut und die sie nun auch auf **Kommando** tun soll. Dazu warten Sie ab, bis Ihre Katze sich von sich aus setzt und klicken danach, direkt gefolgt von einem Leckerchen. Motivieren Sie Ihre Katze wieder zum Aufstehen und wiederholen Sie die Übung ein paar Mal. Hat Ihre Katze verstanden, dass Hinsetzen nun belohnt wird, kommt der Befehl „Sitz" dazu. Üben Sie das Ganze ein paar Mal und schon bald hat die Katze verstanden, das Kommando „Sitz" mit dem Hinsetzen zu verknüpfen. Sie können ihr dann das Kommando geben und sie wird sich darauf hinsetzen.

Hat Ihre Katze Spaß an der Sache und ist nach geraumer Zeit zum Klickerprofi geworden, können Sie schließlich auf das Leckerchen verzichten und sie nur mit dem **Klicken** belohnen. Auf diese Art und Weise können Sie Ihrer Katze natürlich auch andere Dinge wie **Apportieren** oder **Männchen machen** beibringen.

Vergessen Sie dabei aber nicht, dass Sie es mit einer eigenwilligen Samtpfote und nicht mit einem Hund zu tun haben! Können Sie mit dem Clickertraining nicht ihr **Interesse** wecken oder hat die Katze schon nach kurzer Zeit keine **Lust** mehr auf die Lektionen, brechen Sie die Übung ab, denn mit **Zwang** erreichen Sie bei Ihrer Samtpfote gar nichts. Sie wird höchstens komplett die Lust aufs Clickern verlieren. Das Clickertraining soll schließlich **Spaß** machen und nicht zu einem Kampf zwischen Katze und Halter werden.

Spielzeug selber basteln

▼ **Ein Pfötelkasten** ist schnell gebastelt und beliebt bei vielen Stubentigern.

Wer Freude am **Basteln** hat oder wer nach einer **günstigen** Lösung sucht, seine Katze abwechslungsreich zu beschäftigen, kann Spielzeug natürlich auch leicht selbst herstellen. Dazu müssen Sie handwerklich auch nicht sonderlich begabt sein. Zum Beispiel eine **Katzenangel**: Befestigen Sie dazu eine lange Schnur oder ein Gummiband an einem Stock. Dann binden Sie ein paar Federn, ein weiches Katzenspielzeug oder ein paar Bänder am anderen Ende der Schnur fest und fertig ist der Katzenspaß!

Wollen Sie Ihre Katze mit einem **Baldriankissen** beglücken, besorgen Sie sich etwas Baldrianwurzel aus der Apotheke, füllen etwas davon mit Watte oder Heu in eine alte Socke – die natürlich keine Löcher haben sollte – und nähen oder knoten Sie sie zu. Alternativ können Sie natürlich auch **Katzenminze** verwenden oder statt einer alten Socke einen Minikissenbezug selbst nähen.

Der Klassiker des selbstgebastelten Katzenspielzeugs ist aber das **Katzenfummelbrett**. Schließlich gab es bis vor kurzem hiefür noch keine im Handel erhältliche Alternative, sodass Katzenfreunde sich einiges auf diesem Gebiet einfallen lassen haben. Für die einfachste Form eines Katzenfummelbretts benötigen Sie kein Brett, sondern lediglich einen einfachen **Schuhkarton**. Stellen Sie in diesen so viele Klopapierrollen wie möglich hinein und füllen Sie diese nun mit Leckerchen oder Trockenfutter, möglichst im Beisein Ihrer Katze. Sie wird dann versuchen, diese mit der Pfote herauszuangeln.

Wollen Sie ein richtiges **Fummelbrett** mit verschiedenen **Schwierigkeitsstufen** basteln, brauchen Sie schon etwas mehr Materialen und etwas Kreativität. Zuallererst benötigen Sie natürlich ein etwa zwei Zentimeter dickes Brett. Das soll verhindern, dass die Katze die darauf befestigten **Module** durch die ganze Wohnung schiebt.

Überlegen Sie sich nun, welche Module Sie darauf befestigen wollen. Sie können dazu beispielsweise eine leere **Eiscremedose** verwenden, in die Sie **Tischtennisbälle** oder **Kastanien** sowie ein paar Leckerchen geben. Auch **Waschkugeln** für Flüssigwaschmittel oder **Klopapierrollen** eignen sich, aus denen die Katze Trocken-

futter herausangeln muss. Wollen Sie zusätzlich noch ein kleines **Labyrinth** anbringen, aus dem die Katze die Leckerlis schieben soll, können Sie hierzu **Korken** oder **Möbelunterleger** nutzen.

Ordnen Sie die gewünschten Module probehalber auf dem Brett an, um ihre endgültige Position zu bestimmen. Kleben Sie nun zuerst das Labyrinth aus Korken oder Möbelunterlegern mit einem Holzleim auf das Brett. Die Klopapierrollen können Sie ebenfalls waagerecht ankleben.

Befestigen Sie anschließend mit Schrauben und Unterlegscheiben die restlichen Module auf dem Brett. Ist der Leim vollständig getrocknet und haben Sie das Brett auf mögliche Gefahrenquellen wie scharfe Kanten und Ecken oder verschluckbare Kleinteile untersucht, dann befüllen Sie es mit den Leckerchen. Und das Fummeln kann beginnen.

Don'ts: Das sollten Sie vermeiden

Manches Spielzeug scheint für Katzen einfach uninteressant zu sein, anderes kann sie sogar ängstigen oder verletzen. Wenn Sie folgende fünf Dinge beachten, sollte dem Spielspaß aber nichts mehr im Wege stehen:

▸ Vermeiden Sie **Langeweile**. Räumen Sie darum Spielzeug nach dem Gebrauch immer weg, damit es nicht seinen **Reiz** verliert. Versuchen Sie außerdem, Ihrer Katze möglichst viel **Abwechslung** zu bieten und lassen Sie sie bei Jagdspielen auch mal **gewinnen**, damit aus der Spiellust kein Spielfrust wird.

▸ **Ängstigen** Sie Ihre Katze nicht durch zu **großes** oder zu **lautes** Spielzeug. Katzen haben ein feines Gehör und werden kaum etwas mit laut tönendem Spielzeug anfangen können. Auch zu großes Spielzeug hat für die Katze häufig keinen Reiz oder jagt ihr sogar Angst ein. Spielzeug sollte immer in etwa mausgroß sein und sich von der Katze **wegbewegen** wie echte Beute. **Bedrängen** Sie Ihre Katze nicht damit!

▸ Gewöhnen Sie einer jungen Katze niemals an, mit Ihren **Händen** oder **Zehen** zu spielen. Das mag bei einem kleinen Kätzchen vielleicht noch lustig sein, bei einem ausgewachsenen Kater ist das allerdings nur noch **schmerzhaft**.

▸ Verlieren Sie nicht zu leicht die **Geduld** mit Ihrer Samtpfote. Die Katze muss genügend **Zeit** haben, das Spielzeug **beobachten** und **belauern** zu können, wie sie es auch in der Natur mit ihrer Beute machen würde.

Erwarten Sie auch bei Intelligenzspielen nicht zu viel auf einmal von Ihrer Samtpfote, sondern geben Sie ihr die Zeit, die sie braucht und zeigen Sie ihr notfalls noch einmal, wie das Spiel geht.

▸ Auch Spielzeug kann **gefährlich** sein! Lassen Sie darum niemals **Spielangeln** oder **Fäden** herumliegen. Die Katze kann sich darin verheddern und sich Körperteile **abschnüren** oder sogar daran **ersticken**. Nimmt die Katze einen Faden ins Maul, bekommt sie ihn durch die Widerhaken an ihrer Zunge nicht mehr von alleine heraus und wird den Faden inklusive allem, was daran hängt, **verschlucken**.

Spielzeug darf außerdem keine **scharfen Kanten** oder **verschluckbare Kleinteile** haben. Außerdem sollte es möglichst weich sein, wenn damit getobt werden soll.

Die **bunten Federn** an Federwedeln enthalten außerdem oft **giftige Chemikalien**. Besser ist es, ungefärbte, also naturfarbene Federn für Katzenspielzeuge zu verwenden.

◂ **Eine echte** *Herausforderung: Leckerlis aus einer Küchenrolle herausangeln.*

Ewig **gesund?**

Auch, wenn der zukünftige oder frischgebackene Katzenmensch am liebsten nur an die schönen Seiten des Lebens mit Katze denken möchte: Auch eine Katze kann krank, alt und gebrechlich werden.

Nehmen Sie eine Katze bei sich auf, wird sie wahrscheinlich ihr ganzes Leben bei Ihnen verbringen – bis zum Ende. Verdrängen Sie das Thema Gesundheit darum nicht!

Für die **Gesundheit** Ihrer Katze können Sie eine Menge tun: Neben artgerechtem **Futter** gehören regelmäßige **Gesundheitsvorsorgen**, **Impfungen** und **Entwurmungen** zum Leben mit Katze. Das alles kostet natürlich Geld – sparen Sie aber nicht an der Gesundheit Ihrer Fellnase, denn nur eine fachgerechte medizinische Versorgung schenkt ihr ein langes, gesundes Leben!

Dieses Kapitel kann Ihnen nur einen kleinen Wegweiser durch die Katzengesundheit anbieten, es ersetzt auf keinen Fall den Tierarzt.

Suchen Sie am besten gleich den örtlichen Tierarzt auf, sobald sich Ihre Katze bei Ihnen eingelebt hat – so lernt er Sie und Ihren Sofatiger schon vor einem potenziellen Ernstfall kennen und kann Ihnen auch in Fragen der Gesundheitsvorsorge mit Rat und Tat zur Seite stehen.

▶ **So süß sie auch sind:** *Eine Kastration bewahrt vor ungewolltem Katzennachwuchs.*

Kastration

Haben Sie Ihre Katze oder Ihren Kater unkastriert erhalten, sollte auch die Frage einer potenziellen **Kastration** wichtiges Thema bei Ihrem Besuch beim Tierarzt sein.

Viele Tierschutzvereine geben Ihre Vermittlungstiere nur kastriert ab oder verpflichten die Abnehmer vertraglich zur Kastration, um so unnötigen **Nachwuchs** zu vermeiden. In diesem Fall wird Ihnen die Entscheidung abgenommen – ansonsten geht es nun ans Nachdenken. Möchten Sie mit Ihrer Katze züchten? Haben Sie eventuell schon andere, kastrierte oder unkastrierte Tiere?

In den meisten Fällen bietet sich eine Kastration von Kater oder Kätzin an. Das hat viel entscheidende Vorteile: Wer keine weiteren Vermittlungstiere für den Tierschutz produzieren will, bleibt so auch von harnmarkierenden Katern und rolligen Kätzinnen verschont. Eine Kastration vermindert oder zerstört den Geschlechtstrieb – Freigängerkatzen nehmen nicht mehr kilometerlange Wanderungen auf sich, um den richtigen Paarungspartner zu finden. Das Risiko für Unfälle wird reduziert, ebenso das für Verletzungen beim Paarungsvorgang oder Kämpfen mit Rivalen.

Doch auch, wer mit seiner Rassekatze züchten will, hat mittlerweile viele Möglichkeiten. So ist aktuell sogar eine **Pille** für die Katze auf dem Markt, die die Empfängnisbereitschaft heruntersetzt.

Beraten Sie sich hier in Ruhe mit Ihrem Tierarzt, er wird Ihnen die verschiedenen Möglichkeiten, die genau auf Ihre Katze und Sie zugeschnitten sind, vorstellen!

REGELMÄSSIG

Wurmkuren gibt es in Tabletten- oder Pastenform und mittlerweile sogar als Spot-On zum Auftragen auf die Haut in der Nackenregion. Trotz aller Entwicklungen in der Arzneimittelforschung gibt es aber leider kein vorbeugendes Mittel gegen Würmer – die Wurmkur befreit Ihre Katze also nur vom aktuellen Befall und muss darum regelmäßig wiederholt werden. Ihr Tierarzt kann Ihnen ein geeignetes Präparat für Ihr Tier empfehlen!

▲ *Eine regelmäßige Wurmkur* geht den ungeliebten Mitbewohnern an den Kragen.

Würmer – ein ekeliges Kapitel

Würmer sind ekelig. Besonders dann, wenn es sich nicht um den gemeinen Regenwurm, sondern um parasitäre Würmer handelt! Würmer sind **Schmarotzer** – in diesem Fall ist das kein Schimpfwort, sondern eine genaue Beschreibung der Lebensart des Wurms: Er ernährt sich auf Kosten eines sogenannten Wirts, in diesem Fall der Katze. Der Wirt wird geschädigt, stirbt aber erst später oder überhaupt nicht.

Vielleicht denken Sie jetzt, dass dieses Kapitel Sie nicht betrifft, da Sie eine reine Wohnungskatze halten. Doch auch als Halter eines Stubentigers sollten Sie sich genau zum Thema Würmer informieren. Die Möglichkeiten, in Kontakt mit Wurmeiern zu kommen, ist zwar bei Wohnungskatzen geringer als bei mäusefangenden Freigängern – dennoch ist sie gegeben. Sie als Mensch können auch durch Schuhe, ungewaschenes Gemüse oder Zimmerpflanzen **Wurmeier** in die Wohnung tragen. Genauen Aufschluss über einen potenziellen Wurmbefall bieten nur regelmäßige **Kotuntersuchungen**.

Hat die Katze Würmer, ernährt sich der Wurm in den meisten Fällen von den Nährstoffen, die die Katze mit der Nahrung aufnimmt. Diese stehen unserer Fellnase dann nicht mehr in ausreichender Menge zu Verfügung – ihr Fell wird struppig, sie wird sehr anfällig für Krankheiten. Bei starkem Wurmbefall magert sie ab und bekommt schließlich einen **Blähbauch**. In einzelnen Fällen können sogar Wurmglieder oder ganze Würmer mit dem Kot ausgeschieden oder ausgebrochen werden.

Doch **Wurmbefall** kann nicht nur die Katze schädigen, sondern auch auf den Menschen überspringen. Eine regelmäßige Wurmbehandlung kommt so nicht nur Ihrer Katze, sondern auch Ihrer Familie zugute und sollte regelmäßig durchgeführt werden – auch dann, wenn Ihre Katze noch keine Anzeichen von Wurmbefall zeigt!

Wenn es juckt: Läuse und Co.

Doch mit den ekeligen Würmern ist das Kapitel der Parasiten, die die Katze befallen können, noch nicht abgeschlossen. Auch **Läuse**, **Milben**, **Haarlinge** und **Zecken** können Menschen befallen – darum sollte sich jeder Katzenhalter mit diesem Thema beschäftigt haben! Wie auch bei den Würmern sind die Ansteckungsmöglichkeiten für Wohnungskatzen zwar geringer als für Freigänger, dennoch werden auch Stubentiger von **Ungeziefer** nicht verschont.

Viele **Parasiten**, die Haut und Fell der Katze befallen, sind mit bloßem Auge erkennbar. Doch nicht alle – viele Milbenarten und Pilze sind vom Laien nicht immer auf den ersten Blick zu identifizieren. Im Zweifelsfall sollten Sie also auch hier den Weg zum Tierarzt wagen. Klare Anzeigen für einen Befall mit Parasiten sind **Juckreiz**, **Kopfschütteln**, regional begrenzter **Haarausfall** sowie **Flohkot** im Katzenfell.

VORSICHT

Viele für Hunde zugelassene Ungeziefermittel können schädlich oder sogar tödlich für Ihre Katze sein, denn sie enthalten oft Permethrin. Diesen Stoff können Katzen aufgrund eines Enzymmangels nicht abbauen. Eine Behandlung mit einem derartigen Mittel kann dementsprechend tödlich enden. Fragen Sie im Zweifelsfall Ihren Tierarzt um Rat!

Läuse: Auch Läuse sind blutsaugende Parasiten. Sie bewohnen genau wie Flöhe das Haarkleid der Katze. Zu ihnen gehören auch die sogenannten Haarlinge.

Gegen Läuse gibt es genau wie gegen Flöhe Abwehrmittel in Puder- oder Sprayform sowie als Spot-On – einige dieser Mittel wirken sogar vorbeugend gegen Befall mit verschiedenen Insekten.

Milben: Bei Katzen sind besonders die Ohrmilben verbreitet, gerade Bauernhof-Kätzchen sowie wildlebende Katzen leiden unter dem unangenehmen Parasitenbefall in der Ohrregion. Klare Anzeichen: Kopfschütteln sowie übermäßiges Ohrenschmalz. Da Ohrmilben extrem ansteckend sind, ist eine Behandlung langwierig. Lassen Sie sich in jedem Fall von Ihrem Tierarzt beraten!

Zecken: Zecken sind unangenehme Zeitgenossen: Sie verstecken sich im hohen Gras, orten ihren Wirt, durchstoßen seine Haut mit ihrem Stechapparat und ernähren sich dann meistens mehrere Tage lang von seinem Blut. Dabei können sie ernsthafte Krankheiten wie Borreliose oder Gehirnhautetzündung (FSME, Frühsommer-Meningitis) übertragen – gefährlich nicht nur für die Katze, sondern auch für den Menschen.

Jede Zecke auf der Haut Ihrer Katze sollte darum fachmännisch mit einer Zeckenzange oder einem Zeckenhaken entfernt werden. Zudem gibt es Sprays, Halsbänder und Spot-Ons, die vorbeugend vor Zeckenbefall schützen. Bei Wohnungskatzen ist ein Befall mit Zecken eher selten.

Flöhe: Hat man sie einmal, wird man sie nicht mehr los: Zieht ein Floh in das Fell Ihrer Katze ein, bringt er meistens seine Verwandtschaft mit. Die kleinen, flügellosen Insekten leben auf der Katze, ernähren sich aber von ihrem Blut. Flohstiche können einen bösen Juckreiz auslösen! Zudem legen Flöhe ihre Eier gerne an unbelebten Orten wie Teppichen und Bettlaken ab – die Nachkommenschaft schlüpft in der beheizten Wohnung das ganze Jahr über.

Neben einem geeigneten Flohpräparat sollten flohgeplagte Familien hier auch die gesamte Wohnung mit entsprechenden Sprays oder Waschzusätzen behandeln.

▶ **Ungeziefer** ist unangenehm, der Weg zur parasitenfreien Katze oft lang.

CHECK: IST MEINE KATZE GESUND?

▶ Klare und lebendige Augen, nicht verklebt

▶ Sauberes Näschen ohne Ausfluss

▶ Kühle Ohren

▶ Sauberes Fell ohne Scheuerstellen

▶ Saubere Haut, keine Ekzeme oder Rötungen

▶ Kein Ungeziefer beim Scheiteln der Haare festzustellen

▶ Die Katze wirkt lebendig, ist nicht apathisch oder depressiv

▶ Die Katze frisst wie gewohnt

Infektionskrankheiten

Auch unsere Katzen sind nicht vor **Infektionskrankheiten** gefeit. Durch **Viren** oder **Bakterien** übertragen sind die meisten Krankheiten der Katze hoch ansteckend – allerdings gibt es die Möglichkeit, die Katze gegen die meisten gefährlichen Krankheiten zu impfen.

Katzenschnupfen: Katzenschnupfen ist eine der bekanntesten Katzenkrankheiten und betrifft vor allem die Atemwege und Schleimhäute. Ausgelöst wird sie durch verschiedene Viren- und Bakterienstämme, je nach Erreger weist die Erkrankung verschiedene Symptome von einer Bindehautentzündung bis zu einem heftigen Schnupfen auf – nicht selten zeigen Schnupfenkatzen aber ein wahres Kaleidoskop an Symptomen. Selbst nach einer erfolgreichen Therapie gibt es oft Folgeschäden.

Katzenseuche: Die Katzenseuche ist eine durch Parvoviren hervorgerufene Infektion und endet meistens tödlich. Vielfältige Krankheitsanzeichen wie Mattigkeit, Magen-Darm-Probleme, Fieber, blutige Durchfälle und Bindehautentzündung machen eine eindeutige Diagnose für den Laien schwierig – dennoch ist die Katzenseuche hoch ansteckend, bei Verdacht sollte sofort ein Tierarzt aufgesucht werden. Auch gegen die Katzenseuche ist eine zuverlässige Impfung auf dem Markt.

FIV: Das Feline Immundefizienz-Virus, kurz FIV, löst bei Katzen eine Immunschwäche ähnlich der HIV-Infektion beim Menschen aus. Menschen können sich mit FIV nicht infizieren, erkrankte Katzen sollten aber auf jeden Fall von anderen isoliert werden, da das Virus zum Beispiel durch Bisse übertragen werden kann.

▶ *Die genaue Krankheitsursache kann nur der Tierarzt feststellen.*

FIP: auch Feline Bauchfellentzündung genannt, ist die tödlichste Infektionskrankheit der Katze. Klares Anzeichen der „feuchten" Form ist ein weicher, flüssigkeitsgefüllter Bauchraum einer abgemagerten Katze, die sogenannte Bauchwassersucht – neben dieser gibt es noch weitere „trockene" Formen, die unter anderem mit größeren Knoten im Bauchraum, aber auch im Gehirn und der Lunge einhergehen.

Leukose: Der FeLV-Virus ist ein Retrovirus. Ist die Katze infiziert, bedeutet das nicht auch gleich den Ausbruch der Krankheit. Noch Monate oder Jahre später kann die Leukose bei Stress oder einer anderweitigen Erkrankung plötzlich ausbrechen. Oft kommt es zu einer bösartigen Wucherung der weißen Blutkörperchen – die meisten Leukosekatzen sterben an mit der Krankheit zusammenhängenden Symptomen wie Blutarmut (Anämie), oft können auch Zahnfleischentzündungen, bestimmte Darmentzündungen, Gelbsucht und weitere Symptome auftreten. Leukose ist hoch ansteckend, infizierte Tiere sollten auf jeden Fall von gesunden Katzen ferngehalten werden!

Tollwut: Tollwut ist keine spezielle Katzenkrankheit, sie kann von und auf andere Tierarten und sogar Menschen übertragen werden. Auch, wenn die Tollwut in Deutschland als ausgerottet gilt, endet sie immer tödlich – Freigängerkatzen sollten also in jedem Fall gegen die Erkrankung geimpft werden.

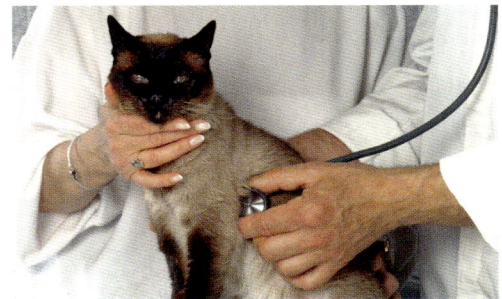

Ein kleiner Pieks kann Leben retten: Impfungen

Schutzimpfungen sind die ultimative Waffe gegen **Infektionskrankheiten**. Viele Krankheiten, die früher tödlich verliefen, gelten heute dank weitverbreiteter Impfungen als ausgestorben! Auch einen Großteil der oben genannten Erkrankungen können Katzenfreunde durch sinnvoll eingesetzte Impfungen vermeiden.

Natürlich birgt eine Impfung aber auch **Risiken**, über die Katzenhalter leider nur selten aufgeklärt werden. So kann es in Einzelfällen zu Impfnebenwirkungen und Unverträglichkeiten kommen. Durch das Trauma an der Einstichstelle sowie Zusatzstoffe im Impfserum können sogenannte **Impfsarkome**, kleine, bösartige Wucherungen im Bindegewebe, entstehen.

Erfahrene Tierärzte klären Sie hier aber auf und versuchen, die Sarkombildung durch unterschiedliche Einstichstellen sowie ein sinnvolles Impfschema zu vermeiden.

Reine Wohnungskatzen benötigen zum Beispiel in den seltensten Fällen eine Tollwutimpfung, eine **Immunisierung** gegen Katzenseuche und Katzenschnupfen ist aber auch hier sinnvoll, da die Erreger auch durch den Menschen übertragen werden können.

Viel hilft bei Impfungen nicht immer viel. Beraten Sie sich hier mit Ihrem Tierarzt, welche Schutzimpfungen für Ihre Katze und deren Lebensstil sinnvoll sind!

▼ *Das beste Mittel gegen Infektionskrankheiten ist immer noch die Impfung!*

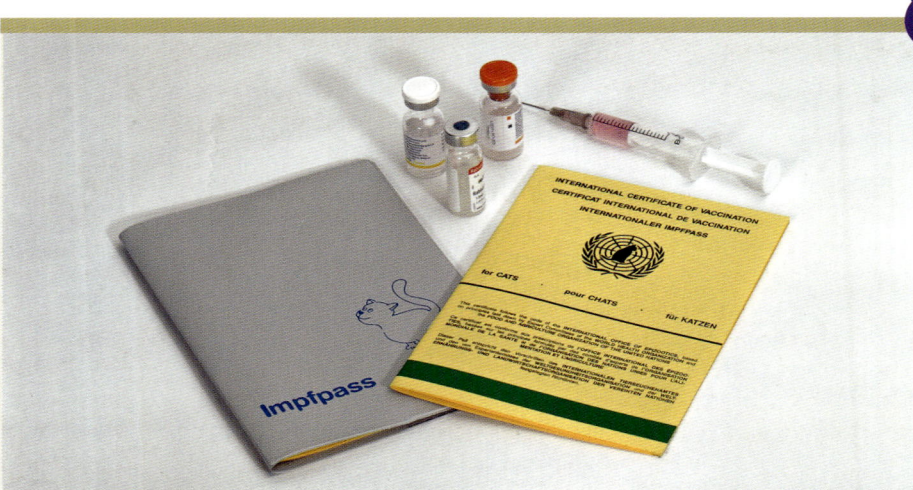

INFO: DIESE IMPFUNGEN SIND FÜR IHRE KATZE SINNVOLL

▶ **Katzenschnupfen/Katzenseuche:** Kombinationsimpfung, sinnvoll auch für reine Wohnungskatzen. Erreger kann zum Beispiel über die Schuhe ins Haus getragen werden!

▶ **Leukose:** Sinnvoll bei jungen Katzen, die höchstwahrscheinlich noch nicht mit dem Erreger in Kontakt gekommen sind.

▶ **Tollwut:** Nur für Freigängerkatzen in tollwutgefährdeten Gebieten.

Wenn die Katze verletzt ist

Auch in der Wohnung ist die Katze nicht vor Verletzungen gefeit – ob beim Spielen, beim Transport oder beim Wühlen in den Küchenschränken, schnell ist einmal etwas passiert.

Kleinere und größere **Verletzungen** sollten bis zur Ankunft des Tierarztes behandelt werden, damit kein Schmutz in die **Wunde** gerät. Wickeln Sie hier nicht einfach eine Mullbinde um die Verletzung, sondern decken Sie sie mit einer nicht-fusselnden, möglichst sterilen Wundkompresse ab. Verbandmaterial finden Sie beispielsweise in jeder Erste-Hilfe-Box im Auto.

Bitte behandeln Sie Wunden keinesfalls mit Salben oder Cremes – diese wird der Tierarzt vor der eigentlichen Behandlung erst in einer für die Katze schmerzhaften Prozedur entfernen müssen. Kleben Sie möglichst auch keine Heftpflaster direkt auf das Katzenfell – sie halten sowieso nicht.

▶ *Ein Katzenleben* ist aufregend. Da kann schon eine Menge passieren ...

ERSTE-HILFE-KASTEN FÜR DIE KATZE

Damit alle wichtigen Utensilien wenigstens daheim schnell zur Hand sind, sollten Katzenhalter idealerweise einen Erste-Hilfe-Kasten speziell für die Katze anlegen. Kontrollieren Sie diesen regelmäßig auf Vollständigkeit und prüfen Sie Verfallsdaten beispielsweise von Mullbinden oder Medikamenten.

▶ Telefonnummer von Tierarzt und Tierklinik

▶ Wundkompresse

▶ Sterile Gazetupfer

▶ Mullbinden

▶ Fixierbinde

▶ Schere mit abgerundeter Spitze

▶ Heftpflasterspule

▶ eventuell nötige Medikamente bei chronisch kranken Katzen

▶ eventuell Bachblüten-Notfalltropfen

Alternative Heilmethoden

▲ **Die Welt** der Naturheilkunde ist groß!

Neben der klassischen **Schulmedizin** gibt es viele **alternative Heilmethoden**, die die unterstützende Behandlung zum Beispiel von **chronischen Krankheiten** erleichtern können. Dabei werden alternative Heilmethoden keinesfalls nur von Scharlatanen betrieben – der Begriff „Tierheilpraktiker" ist zwar nach wie vor nicht geschützt, es gibt aber viele Praktizierende, die eine vollwertige Ausbildung hinter sich haben. Auch viele Tierärzte können mittlerweile mit einer Zusatzausbildung in diesem Bereich aufwarten!

Es gibt unzählbare alternative Therapien. Die bekanntesten und auch von Tierärzten gerne eingesetzten Methoden sind die Homöopathie, die Bachblüten-Therapie sowie die Schüßler-Salz-Therapie.

Homöopathie: Die Homöopathie ist die wohl bekannteste alternative Heilmethode, Prinzip ist der Leitsatz „Ähnliches wird durch Ähnliches geheilt": Homöopathen behandeln Erkrankungen mit den Präparaten, die bei einem Gesunden eben diese Krankheitssymptome hervorrufen und die **Selbstheilungskräfte** des Körpers **stärken** sollen. Behandelt wird mit kleinsten Dosen, sogenannten „Potenzen". Auch wenn die Methode nach wie vor nicht wissenschaftlich anerkannt ist, können viele Tierbesitzer von großen Erfolgen berichten.

Bachblüten: Dr. Bach, der Begründer der Bachblüten-Therapie, glaubte daran, dass die Energie bestimmter Pflanzen eine positive Wirkung auf die menschliche Psyche hat. Auch bei Katzen werden die 38 Bachblüten sowie ihre Kombinationen vor allem bei psychischen Erkrankungen oder Störungen eingesetzt.

Schüßler-Salze: Dr. Schüßler entdeckte die heilende Wirkung verschiedener Mineralsalze – aus dieser Theorie entwickelte sich die **Schüßler-Therapie**, die mit gezielt eingesetzten biochemischen „Funktionsmitteln" einen Mangelzustand bestimmter Stoffe im Organismus beheben und die Heilung bestimmter Erkrankungen vorantreiben soll.

Wenn Katzen älter werden

Wenn eine Katze ins Haus kommt, bleibt sie oft ihr Leben lang. Leider haben Katzen aber eine sehr viel geringere **Lebenserwartung** als wir – allzu schnell sieht sich der Katzenfreund, der gerade noch ein Kitten großgezogen hat, also mit den Bedürfnissen einer älteren Katze konfrontiert. Schieben Sie das Ganze nicht zu weit weg – Sie können Ihre Katze so gut pflegen wie Sie möchten, sie wird trotzdem unweigerlich **älter** werden!

Das soll jetzt aber natürlich nicht heißen, dass eine ältere Katze ganz und gar zum „Alten Eisen" gehört!

Auch Katzensenioren haben bei guter Pflege viel Spaß am Leben und können noch genauso agil und lebendig sein wie ihre jungen Artgenossen.

Genau wie diese benötigen sie aber eine auf ihr Alter angepasste Ernährung und Gesundheitsvorsorge.

Werden Katzen älter, verändert sich ihr **Stoffwechsel**. Der Tierbedarfshandel bietet so schon Senior-Trockenfutter für Katzen ab einem Alter von etwa neun Jahren an – was aber absolut noch nicht heißen soll, dass eine neunjährige Katze alt ist! Schon in diesem Alter beginnt sie aber, sich zu verändern. Katzen altern spät, dafür aber rapide – ist Ihr Sofatiger gestern noch mit einem großen Satz freudig auf die Sofalehne gesprungen, kann es sein, dass er heute den Umweg über Ihr Knie nimmt.

Trotz guten Appetites kann ihre Katze dürr wirken. Das ist kein Wunder: Zwar sinkt der Energiebedarf mit dem Alter, die Katze verwertet ihr Futter aber auch nicht mehr so gut. Sie benötigt jetzt mehr Proteine und somit höherwertiges **Futter** – davon allerdings weniger als zuvor.

GUT ZU WISSEN: RECHENEXEMPEL

Es gibt keine Faustformel, mit dem sich ein Menschenjahr in X Katzenjahre umrechnen lässt. Der Alterungsprozess läuft nicht immer in gleichmäßigen Schritten ab. Eine einjährige Katze beispielsweise ist ausgewachsen und geschlechtsreif – das entspricht etwa einem Alter eines sechzehnjährigen Menschen. Mit zwei bis acht Jahren befindet sich die Katze in der Erwachsenenphase. Wird sie zehn Jahre alt, ist sie mit einem sechzigjährigen Menschen zu vergleichen.

▲ **Ältere Katzen** werden ruhiger …

Hier muss nicht unbedingt „Senior" auf dem Etikett stehen, oft reicht es, sich hochwertige Futtersorten mit einem hohen Proteinanteil und wenigen pflanzlichen Nebenerzeugnissen aus dem Regal zu suchen.

Gerade bei Trockenfutter-Liebhabern sollte zudem auf eine genügende **Wasseraufnahme** geachtet werden, um die Entstehung von Nierensteinen oder Harngries zu vermeiden. Damit sollte allerdings möglichst schon in jüngeren Jahren begonnen werden – der Katze nach jahrelanger ausschließlicher Trockenfütterung einen Trinkbrunnen hinzustellen, verschont sie nicht unbedingt vor **Nierenerkrankungen**.

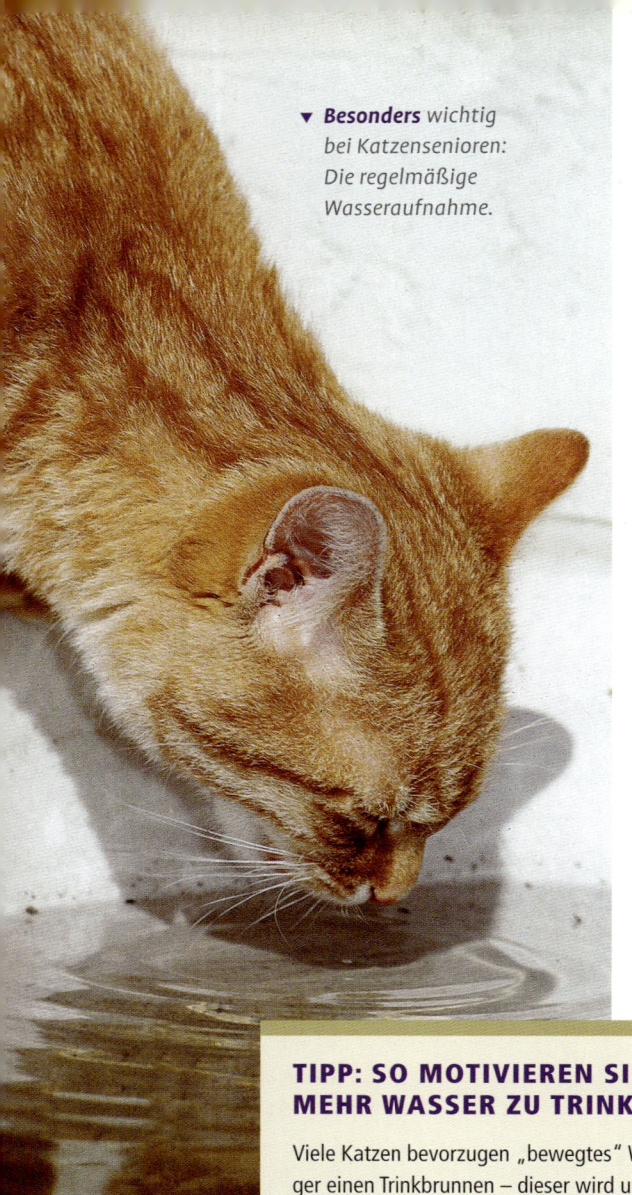

▼ **Besonders** wichtig bei Katzensenioren: Die regelmäßige Wasseraufnahme.

Genau wie bei menschlichen Senioren können **Seh- und Geruchssinn** älterer Katzen nachlassen. Unsere Hauskatzen haben hierbei weniger Probleme als reine Freigänger, die sich ihr Futter selber jagen müssen – dennoch kann es auch in der Wohnung vorkommen, dass ein Katzensenior sein eigenes Futter nicht mehr identifizieren kann. Spezielles Senior-Futter ist oft geruchs- und geschmacksintensiver – und schon mit einem kleinen Löffel warmem Wasser können Sie die Nahrung für Ihre Katze aber auch wieder attraktiver machen.

Auch **Gelenke** und **Knochen** leiden unter dem zunehmenden Alter. **Arthrose** und **Rheuma** sind auch für Katzensenioren kein Fremdwort ... Katzen sind Meister darin, Schmerzen zu verbergen. Suchen Sie darum schon den Tierarzt auf, wenn Ihre Katze einen verminderten Bewegungsdrang zeigt – vielleicht können Sie sie mit leichten Zusatzfuttermitteln oder Medikamenten unterstützen und ihr eventuelle Schmerzen nehmen.

Auch wenn die Katze im Alter kleinere Wehwehchen zeigt, sollte sie auf keinen Fall weniger beachtet werden! Auch alte Katzen benötigen **Aufmerksamkeit** und **Streicheleinheiten** – selbst dann, wenn sie vielleicht nicht mehr so beharrlich danach verlangen, wie junge Kitten.

TIPP: SO MOTIVIEREN SIE IHRE KATZE, MEHR WASSER ZU TRINKEN

Viele Katzen bevorzugen „bewegtes" Wasser. Gönnen Sie Ihrem Sofatiger einen Trinkbrunnen – dieser wird um einiges interessanter erscheinen als der Wassernapf an der Futterstelle. Diesen meiden viele Katzen zudem, da Wasser direkt neben der Mahlzeit als unattraktiveres Futter identifiziert und ignoriert wird. Besser sind mehrere kleine Wasserschälchen, über die gesamte Wohnung verteilt.

Das Wasser können Sie mit gutem Gewissen ein paar Tage stehen lassen: Viele Katzen mögen den leichten Chlorgeruch des Leitungswasser nicht. Dieser verfliegt nach einigen Stunden an der Luft.

AU WEIA: WILLKOMMEN BEIM ZAHNARZT

In der freien Wildbahn sind die Zähne überlebenswichtig für die Katze. Nur mit gesunden Zähnen kann sie ihre Beute erlegen und fressen, gesunde Zähne sind Waffe, Verteidigung und Essbesteck gleichzeitig.

▲ *Zahnkontrolle nicht vergessen!*

Als Haustier muss die Katze in den seltensten Fällen Mäuse erlegen und kleinere Knochen knacken, dementsprechend vernachlässigt wird die Zahngesundheit unserer Hauskatzen. Doch zuckerhaltige Leckerlis, weiches Fertigfutter und bröselige Trockennahrung sind nicht das Beste für gesunde Zähne – viele Katzen in menschlicher Obhut leiden aus diesem Grund unter Zahnproblemen.

Zahnfleischerkrankungen, **Karies** und **Parodontose** kommen bei Katzen fast genauso häufig vor wie bei uns Menschen und können starke Schmerzen verursachen. Erste Anzeichen sind starker **Mundgeruch**, plötzliches **Sabbern**, schlechtes Fressen und häufiges Fallenlassen von Futter und **Schluckbeschwerden**. Hier sollte der erste Weg sofort zum Tierarzt führen!

Doch auch vor dem Akutfall kann Ihr Tierarzt eine Menge für Ihre Katze tun. Eine regelmäßige Kontrolle von Zähnen und Zahnfleisch sowie eine Entfernung von Zahnstein bei Bedarf verlängern die Lebenszeit der Katzenzähne um ein Vielfaches, sie ersparen Ihrer Katze Schmerzen und Ihrem Geldbeutel eine teure **Zahnbehandlung**.

Ist Ihre Katze anfällig für Zahnstein oder Karieserkrankungen, kann auch regelmäßiges **Zähneputzen** helfen – so reinigen Sie die Zähne und vermeiden, dass sich Futterreste in den Zahnzwischenräumen festsetzen. Unter uns: Nur ein kleiner Teil aller Katzen lässt diese Prozedur über sich ergehen. Sollte Ihre Katze zu diesen gelassenen Naturen gehören, können Sie die Gelegenheit nutzen und sie langsam an das regelmäßige Zähneputzen gewöhnen.

Mittlerweile gibt es auch spezielle **Trockennahrung**, die durch ihre spezielle Struktur Zähne und Zahnzwischenräume reinigt und Zahnerkrankungen so verhindern soll. Allerdings gibt es auch hier verschiedene Meinungen, was die Wirksamkeit derartiger Nahrungsmittel angeht.

Für welche Methode Sie sich auch entscheiden, um die gesunden Zähne Ihrer Katze zu erhalten: Vergessen Sie nicht die regelmäßige **Zahnkontrolle** einmal im Jahr. Denken Sie einfach beim nächsten Impftermin daran!

Guten Appetit!

Feine Häppchen in Gelee, Huhn in Aspik, Geschmortes mit leckerer Soße – da bekommt man schnell Appetit. Doch so oder ähnlich heißen nicht die Gerichte auf der Speisekarte eines Feinschmeckerrestaurants, sondern verschiedene Katzenfuttersorten.

Die Auswahl an Fertignahrung ist groß und die meisten Katzenhalter möchten ihrem Liebling nur das Beste gönnen. Doch muss das alles sein und hält das exklusive Futter wirklich, was es verspricht? Reichen nicht vielleicht auch einfache, selbstgekochte Gerichte oder simple Milchsemmeln wie zu Großmutters Zeiten?

So ernährt man eine Katze richtig

Um zu verstehen, was wirklich das Beste für die Katze ist, hilft ein Blick auf ihre **natürliche Nahrung**: In freier Wildbahn ernährt sie sich größtenteils von **Mäusen**, aber auch andere kleine Beutetiere wie junge Kaninchen, Vögel und Eidechsen stehen ab und an auf dem Speiseplan.

Die Katze zeigt sich hier als reiner **Fleischfresser**: Sie nimmt nicht wie beispielsweise der Hund zusätzlich pflanzliche Kost zu sich oder teilt die Beute mit anderen Artgenossen, sondern frisst sie vollständig inklusive Fell und Knochen. Lediglich die wenig schmackhafte Gallenblase bleibt oft übrig. Die **Maus** ist daher ein Komplettmenü für unsere kleinen Raubtiere. Sie enthält alle Nährstoffe in der richtigen Menge und reinigt zusätzlich noch die Zähne.

Dem Stubentiger einfach nur irgendwelche Nahrungsreste, reines Fleisch oder gar Vegetarisches anzubieten, wäre darum gänzlich verkehrt. Um dauerhaft gesund zu bleiben, benötigt die Katze **ausgewogenes Futter**, wie es beispielsweise im Zoofachhandel erhältlich ist. Gerade bei reinen Wohnungskatzen, die ihre Nahrung nicht mit Selbstgefangenem aufwerten können, ist eine ausgewogene Fütterung enorm wichtig, um Mangelerscheinungen zu vermeiden. Die Fütterung mit handelsüblichem Katzenfutter ist

HÄTTEN SIE ES GEWUSST?

Eine freilebende Katze ohne Zufütterung benötigt im Durchschnitt etwa acht bis zwölf Mäuse am Tag um ihren Nährstoff- und Energiehaushalt aufrecht zu erhalten. Das entspricht einem täglichen Energiebedarf von rund 300 kcal.

▲ **Die natürlichste** Nahrung für die Katze: Die Maus.

dabei am einfachsten und praktischsten. Aber auch andere Fütterungsmethoden kommen nach eingehender Beschäftigung in Frage.

Nass- oder Trockenfutter?

Die meisten Katzenhalter ernähren Ihre Tiere mit handelsüblichem Katzenfutter. Dieses lässt sich grob in Trocken- und Nassfutter unterteilen. Ob Sie überwiegend nass oder trocken füttern sollten, hängt nicht nur von den Vorlieben Ihrer Katze ab, sondern auch von ein paar grundsätzlichen Überlegungen. Während manche Katzenhalter das **Trockenfutter** und seine Vorteile in höchsten Tönen loben, lehnen andere es grundsätzlich ab.

Die **Vorteile** sind einfach zu beschreiben: Trockenfutter ist praktisch und günstig. Dadurch, dass dem Futter das Wasser entzogen wurde, nimmt es im Vorratsschrank weniger Platz ein als Dosennahrung. Zudem ist es relativ geruchsneutral und kann auch im Sommer länger stehen gelassen werden, ohne zu verderben.

Trockenfutter hat aber auch **Nachteile**: Manche Katzen werden davon einfach nicht satt, weil sie aufgrund der hohen Nährstoffdichte im getrockneten Futter nur etwa ein Viertel der Menge verglichen mit Nassfutter zu sich nehmen dürfen.

Damit die Bröckchen zusammenhalten, ist es oft nötig, dem Futter mehr **pflanzliche Zusatzstoffe** beizumengen, als es bei Nassfutter der Fall ist. Die Katze als reiner Fleischfresser benötigt aber einen hohen Fleischanteil im Futter, sie kann viele pflanzliche Stoffe nicht verwerten.

Der größte Nachteil ist jedoch, dass es trocken ist. Katzen als ehemalige Wüstenbewohner stillen ihren Bedarf an **Flüssigkeit** über die Nahrung. Die natürliche Nahrung der Katze sowie auch Nassfutter haben einen **Feuchtigkeitsgehalt** von etwa achtzig, Trockenfutter nur etwa acht Prozent. Der Rest muss von der Katze zusätzlich aufgenommen werden – etwa zweihundert bis dreihundert Milliliter am Tag, das entspricht zwei normal großen Kaffeetassen voll. Obwohl eine Katze, die mit Trockenfutter ernährt wird, in der Regel mehr trinkt als eine mit Nassfutter ernährte, reicht das häufig nicht aus. Eine Folge von ständigem **Flüssigkeitsmangel** können die bei Katzen weit verbreiteten **Nierenerkrankungen** sein.

Woran man ein gutes Katzenfutter erkennt

Gutes Katzenfutter erkennt man nicht an der besonders bunten Verpackung, der witzigen Werbung oder dem sündhaft teuren Preis. Sicherlich wird eine gute Katzennahrung nicht in der untersten Preisklasse zu finden sein. Teures Futter ist dennoch nicht automatisch auch gut.

Wer Wert auf eine gesunde Ernährung seines Stubentigers legt, kommt nicht darum herum, die **Etiketten** der verschiedenen Dosen und Tüten genauer unter die Lupe zu nehmen. Schließlich kommt es auf den Inhalt an und nicht auf die Verpackung.

Unter dem Stichwort **„Zusammensetzung des Futters"** wird in absteigender Reihenfolge angegeben, wieviel von welcher Zutat gewichtsmäßig enthalten ist. Für den Fleischfresser Katze bedeutet das, dass an erster Stelle das **Fleisch** stehen sollte.

Doch auch hier ist Vorsicht geboten: Reines **Hühnchenfilet** wird zwar in der Regel gerne gefressen, ist auf Dauer aber nicht ausgewogen und kann daher **Mangelerscheinungen** verursachen.

Greifen Sie daher am besten zu Futter, das ausdrücklich als **Einzel-** und nicht als **Ergänzungsfutter** gekennzeichnet ist.

▼ ***Die Auswahl*** *des richtigen Futters fällt bei diesem Angebot schwer!*

Bei einem guten Futter ist in der Regel nicht nur genau angegeben, welche Fleischsorte enthalten ist, sondern auch alle anderen Inhaltsstoffe sind genau benannt und verstecken sich nicht einfach unter Oberbegriffen wie „pflanzliche Nebenerzeugnisse" oder „Öle und Fette".

Zucker oder Karamell, **Farbstoffe** sowie chemische **Konservierungsstoffe** und **Antioxidanzien** wie Ethoxyquin, Propylgallate, BHA und BHT – oft unter der Bezeichnung „EG-Zusatzstoffe" versteckt – haben absolut nichts im **Katzenfutter** verloren, da diese Stoffe in starkem Verdacht stehen, verschiedene Krankheiten wie Krebs, Diabetes und Allergien hervorzurufen. Vergleichen Sie zudem die **Fütterungsempfehlung**. Je weniger die Katze von einem Futter benötigt, um mit allen Nährstoffen ausreichend versorgt zu sein, umso hochwertiger ist das Futter.

DIE VIER-PROZENT-LÜGE

Ein weit verbreiteter Irrtum ist, dass Futter mit der Angaben „Huhn (mind. 4%)" nur vier Prozent Fleisch enthält. Das ist falsch. Um ein Futter „mit Huhn" auf den Markt zu bringen, ist es nötig, dass mindestens vier Prozent der geschmacksgebenden Sorte im Futter enthalten sind. Der Rest kann aus anderen Fleischsorten bestehen, die nicht auf der Packung angegeben sind. Ein Katzenfutter mit nur vier Prozent Fleisch gibt es daher nicht – oder sollte es zumindest nicht geben.

GRUNDVORAUSSETZUNG FÜR ALLE FORMEN DES SELBERMACHENS

Um der Katze wirklich etwas Gutes zu tun und ihr nicht versehentlich mit dem falschen Futter zu schaden, muss man sich gut auskennen und sich mit viel Geduld in die Materie einlesen. Informationen hierzu finden sich in weiterführender Literatur, die sich speziell mit dem Thema der naturnahen Ernährung beschäftigt.

Katzenfutter selber machen

Wer aufgrund von gesundheitlichen Problemen seiner Katze Skepsis gegenüber schwammigen Inhaltsangaben auf Katzenfutterverpackungen oder einfach zum Spaß Futter für seine Miezen selbst herstellen will, dem bleiben zwei Möglichkeiten: Eine in Mode gekommene Fütterungsmethode, die sich stark an der natürlichen Nahrung der Katze orientiert, nennt sich **BARF**. Das bedeutet soviel wie „biologisch artgerechte Rohfütterung" und besteht in der Hauptsache aus rohem Fleisch, Innereien und einigen Zusätzen, teilweise sogar aus ganzen Beutetieren.

Wer sich mit dem Gedanken an die Rohfütterung nicht anfreunden kann oder wenn die Katzen rohes Fleisch verweigern, hilft nur Kochen. Gekochtes Fleisch ist vielleicht nicht ganz so naturnah, allerdings weiß man so trotzdem genau, was in den Napf kommt.

Wer nur gelegentlich für seine Samtpfoten den Kochlöffel schwingen will, hat es da wesentlich leichter. Hierzu müssen Sie lediglich wissen, dass Gewürze, rohes Schweinefleisch, Zwiebeln, Knoblauch, Avocados, Schokolade, Weintrauben, Rosinen, stark Blähendes wie Kohl und Hülsenfrüchte und große Mengen an Leber tabu sind.

Ansonsten sind die Zutaten einfach und bestehen in der Hauptsache aus Fleisch und eventuell ein paar Beilagen wie gekochten

EIN REZEPT NICHT NUR FÜR KRANKE KATZEN

Hühnchen mit Reis für die Katze ist schmackhaft und leicht bekömmlich. Oft wird dieses Futter vom Tierarzt bei Magenbeschwerden oder anderen Erkrankungen empfohlen. Aber auch gesunde Katzen sind von dem Gericht zumeist sehr angetan.

Das Rezept ist einfach: Nehmen Sie ein Suppenhuhn, kochen Sie es in ausreichend Wasser mit einer Prise Salz und servieren Sie das Fleisch mit etwas Reis. Wichtig ist nur, dass vorher gründlich alle Knochen entfernt wurden, da gekochte Knochen leicht splittern. Die übrig gebliebene Brühe wird von Katzen gerne getrunken.

Wenn Ihr Stubentiger gerne Häppchen in Gelee frisst, können Sie die Brühe zusätzlich mit Gelatine eindicken und unter das Hühnerfleisch mischen.

▼ **Mhh,** lecker!

Kartoffeln, geraspelten Möhren oder Reis. Hier darf ruhig ein wenig experimentiert werden, um herauszufinden, was der Katze schmeckt.

Natürlich können Sie Ihrer Katze ab und an auch mal etwas **rohes Fleisch** anbieten. Bis zu 200 Gramm in der Woche können Sie guten Gewissens ohne Zusätze verfüttern. Das finden die meisten Katzen nicht nur besonders lecker, sondern es reinigt gleichzeitig auch die **Zähne**.

Manche Katzen nehmen auch rohe Hühnerflügel gerne an oder getrocknetes Fleisch, wie es oft für Hunde im Zoofachhandel angeboten wird.

Eine Frage des Durchsetzungsvermögens

Die meisten Stubentiger haben die Gabe, ihre Besitzer gekonnt um die Pfote zu wickeln, wenn es um ihr Lieblingsfutter geht. Schnell kommt dann nur noch Fisch oder reines Hühnerfilet in den Napf oder das teuerste, was der Markt zu bieten hat. Selten ist so eine einseitige **Ernährung** gesund.

Damit so etwas gar nicht erst passiert, führen Sie feste **Fütterungszeiten** ein. Bei ausgewachsenen Katzen reicht es, diesen zwei- bis dreimal am Tag Futter anzubieten. Stellen Sie das Futter nach einer halben Stunde jedoch wieder weg. Die Katze wird schon etwas fressen, wenn sie Hunger hat. Wenn nicht, schlägt sie dafür beim nächsten Mal zu.

Bei erprobten Mäklern hilft jedoch nur tricksen: Mischen Sie das neue Futter nach und nach unter das alte, auch wenn es in Milligrammschritten passieren sollte.

Gießen Sie ungesalzene Hühnerbrühe über das Futter oder panieren Sie es mit Trockenfutterbröckchen – mit viel Geduld kann auch die mäkligste Katze an ein neues Futter gewöhnt werden.

Die kleine Belohnung zwischendurch

Leckerlis gehören wie Süßigkeiten für Kinder natürlich auch für die Katze dazu – jedoch in Maßen, nicht in Massen!

Vor allem übergewichtige Tiere sollten nicht so viele Leckerlis bekommen und die Menge muss bei der Berechnung der Gesamtfuttermenge miteinbezogen werden.

Als Leckerlis eignen sich alle Dinge, die nicht giftig sind und der Katze schmecken. Das können gekaufte Naschereien aus dem Zoohandel sein, getrocknetes **Fleisch** oder auch **Trockenfutter**, wenn die Samtpfote ansonsten nur **Nassfutter** bekommt. Manche Katzen entwickeln auch seltene Vorlieben wie zum Beispiel für Salat oder Kartoffeln. Auch damit, mit einem rohen Eigelb oder etwas laktosefreier **Milch** können Sie Ihrer Katze eine besondere Freude machen. Finden Sie heraus, was ihr schmeckt und überraschen Sie sie ab und an mit etwas Besonderem!

▼ *Ein natürliches Leckerli:*
getrockneter Fisch aus dem Tierbedarfshandel.

FÜNF FÜTTERUNGSREGELN

1. Füttern Sie verschiedene Futtersorten und -marken im Wechsel. Damit vermeiden Sie unnötigen Stress, falls ein Hersteller einmal die Rezeptur verändert oder die Katze bei Krankheit spezielle **Diätnahrung** benötigt.

2. Lassen Sie sich nicht von der Katze diktieren, was in den Napf kommt. Das bestimmen Sie! Auf bestimmte Abneigungen oder Vorlieben darf jedoch auch Rücksicht genommen werden, solange die Katze nicht jeden Tag nach ihrem Lieblingsfutter verlangt und auch eher unbeliebtes trotzdem frisst.

3. Richten Sie sich zunächst nach der **Fütterungsempfehlung** des Herstellers. Kontrollieren Sie regelmäßig das **Gewicht** Ihres Stubentigers und passen Sie die **Futtermenge** bei Bedarf langsam an.

4. **Leckerlis** sind erlaubt, solange sie in Maßen, nicht in Massen gefüttert werden.

5. Füttern Sie nicht vom Tisch, um Betteleien zu vermeiden.

▲ *Viele Katzen sind sehr eigenwillig, was die Wahl ihres Futters angeht.*

Der richtige Durstlöscher

Wenn Katzen beim Fressen eigenwillig sind, sind sie es beim Trinken noch mehr. Um **Harnwegserkrankungen** vorzubeugen, sollte Ihre Katze ausreichend trinken. Nimmt sie schlagartig viel **Wasser** auf, kann das auf eine Krankheit hindeuten.

Katzen als ehemalige Wüstenbewohner trinken nur sehr wenig. Trotzdem oder gerade deswegen muss immer mindestens ein gefüllter **Wassernapf** bereit stehen, am besten mit ein paar Metern Abstand zum Futternapf.

Katzen trinken von Natur aus nur selten in der Nähe ihres Futterplatzes, die meisten haben diese Angewohnheit bis heute beibehalten.

Manche Katzen würden lieber einen Napf **Milch** nach dem anderen ausschlecken, als Wasser zu trinken. Dennoch ist Wasser hier der **Durstlöscher** der Wahl. Milch zählt aufgrund ihres hohen Nährstoffgehalts zur **Nahrung** und eignet sich nicht als Getränk. Sicherlich können Sie Ihre Katze mit Milch zum Trinken animieren. Achten Sie darauf, dass sie **laktosefrei** ist und keinen Zucker enthält, wie das oft in spezieller Katzenmilch der Fall ist.

Auch Ziegenmilch wird sehr gut vertragen und gerne getrunken. Mischen Sie nach und nach die Milch mit Wasser, bis Ihre Katze das Wasser pur oder nur mit wenigen Tropfen Milch trinkt. Auch mit **ungesalzener Hühnerbrühe** können Sie sie zum Trinken bewegen.

Manche Katzen haben auch eine Vorliebe für abgestandenes oder bewegtes Wasser oder trinken lieber an erhöhten Orten. Experimentieren Sie mit verschiedenen Wassernäpfen an verschiedenen Plätzen, nutzen Sie Trinkbrunnen oder lassen Sie das Wasser ein paar Tage stehen.

Schnell finden Sie heraus, wie Ihr Stubentiger das Wasser am liebsten hat. Hilft das alles nichts, achten Sie darauf, dass das Futter ihrer Katze genügend Flüssigkeit enthält und geben Sie eventuell noch etwas Wasser zusätzlich darüber. So kann die Miez ihren **Flüssigkeitsbedarf** auf natürliche Weise decken: über ihre Nahrung.

▶ **Wasser** ist drinnen wie draußen der richtige Durstlöscher für die Katze.

Wollen wir
Nachwuchs?

*Kommt eine weibliche Katze ins Haus, sprechen Freunde und Familie oft die Frage nach der kätzischen **Familienplanung** an.*

Wäre es nicht süß, kleine Kätzchen daheim zu haben – Söhne und Töchter der geliebten Fellnase? Doch bevor es an die Planung geht, sollten zukünftige Katzeneltern eine Menge beachten.

Viel Spaß und viel Arbeit: Das kommt auf Sie zu

Katzenkinder sind süß, sie sind tapsig und es ist wunderschön, sie aufwachsen zu sehen. Was zukünftige Katzeneltern aber sehr schnell vergessen:

Babykatzen werden schnell erwachsen – und in dieser Zeit verursachen sie eine Menge Arbeit und Kosten.

Die ersten **zwölf Wochen** sind die wichtigsten im Leben einer Katze. Kätzchen sollten diese Zeit bei ihrer Mutter und ihren Geschwistern verbringen, von ihr lernen sie alles für ein gutes und gesundes Katzenleben: Sie raufen als Vorbereitung für die Jagd und Verteidigung, erkunden die Fellpflege und lernen, sich in ein soziales Gefüge einzuordnen.

Doch bei all der Putzigkeit benötigt auch die **Mutterkatze** Aufmerksamkeit: Frisst sie genug, ist sie gesund und fühlt sie sich wohl? **Gesäugentzündungen** und Infektionen sind keine seltenen Krankheiten säugender Katzen.

GUT ZU WISSEN

In diesen zwölf Wochen kommen auf Sie als Katzeneltern eine Menge zu: Die Kätzen müssen dem Tierarzt vorgestellt werden, sollten ihre erste Impfung und die erste Wurmkur erhalten. Ist eine Katze krank, muss sie selbstverständlich versorgt werden. Bei dem Wachstumsschub in den ersten Wochen benötigen Babykatzen eine Menge Futter, das natürlich möglichst hochwertig sein sollte.

◀ *Katzenkinder sind immer eine Herausforderung.*

Züchten: Hobby, Beruf oder Geldgrab?

benötigen. Nicht selten springen Freunde und Familie, die sich vorher noch brennend für ein Kitten interessiert haben, ab, weil plötzlich doch ein Urlaub oder ein Umzug ansteht oder man sich die **Verantwortung**, die man für eine Katze übernehmen muss, nie so richtig zugetraut hat.

Leider ist das keine Panikmache, sondern harte Realität für viele Katzenfreunde, die ein gutes Heim für ihre Kitten suchen.

◀ *Diese beiden* suchen noch einen guten neuen Platz!

Das alles kostet Geld – und zwar mehr, als sich durch den Verkauf einer Katze verdienen lässt. Reine Hauskatzen ohne Papiere gibt es auf jedem Bauernhof für eine kleine Schutzgebühr – und wer will schon einige hundert Euro für eine „gewöhnliche" Katze zahlen? Bei Rassekatzen dagegen ist man hohe Preise gewöhnt – doch die oft im vierstelligen Bereich angesiedelten Preise decken die Kosten, die einem Züchter bei der Unterhaltung seiner Zucht erstehen, in den seltensten Fällen.

Und wir alle suchen ein Zuhause...

Sollten Sie sich entscheiden, zu züchten oder Ihrer Katze einen kleinen Mutterschaftsurlaub zu gönnen, überlegen Sie es sich also gut! Ein gutes Zuhause für ein kleines Kätzchen zu finden, ist schwer – denn schließlich wollen Sie, dass es Ihrer Katze im neuen Zuhause genauso gut geht wie bei Ihnen. Doch mit jedem Wurf schenkt Ihre Katze etwa sechs Neugeborenen das Leben, die alle nach zwölf Wochen eine neue Familie

Wenn die Katze rollig wird

Bei Menschenfrauen geht die Zeit der **Fortpflanzungsfähigkeit** in der Regel sehr unspektakulär vonstatten. Bei der Katze ist das anders: Fortpflanzungswillige und empfängnisbereite Katzen verlangen lauthals nach einem passenden Sexualpartner. Sie werfen sich auf den Boden, rollen sich herum (daher der Begriff „rollig"), sind unruhig, reiben ihren Kopf an allen möglichen Gegenständen, fressen wenig und schreien den ganzen Tag. Viele Kätzinnen markieren ihr Revier auch mit Urin. Erst wenn ein passender Kater in Sicht ist, gibt die Katze Ruhe.

Doch ab wann wird eine Katze rollig? Katzen kommen in der Regel recht früh in die **Pubertät**, je nach Rasse zwischen vier bis sieben Monaten. Nach spätestens einem Jahr sind sie **geschlechtsreif** und bereit für die Fortpflanzung. Hat die Katze Kontakt zu unkastrierten Katern, dauert es nach einem sekundenschnellen Stelldichein in der Regel nicht lange, bis sich der Nachwuchs einstellt …

Oder doch nicht?

Wünschen Sie keinen Nachwuchs oder hat Ihre Katze Kontakt zu unkastrierten Katern, ist darum eine rechtzeitige **Kastration** besonders wichtig! Während man vor wenigen Jahrzehnten Katzen erst nach dem ersten Wurf sterilisierte oder kastrierte, raten heute viele Tierärzte zur **Frühkastration**. Hier werden die Katzen schon vor Eintritt der Geschlechtsreife kastriert, um eine unerwünschte Trächtigkeit zuverlässig zu vermeiden.

Langzeituntersuchungen wie von der WINN Feline Foundation in Zusammenarbeit mit der American Veterinary Medical Association haben gezeigt, dass der Eingriff bei jüngeren Katzen unkomplizierter verläuft, negative Begleiterscheinungen wie zum Beispiel eine verminderte Körpergröße bei Katern konnten nicht festgestellt werden.

Frühkastrierte Kater waren zudem sehr viel weniger friedfertig als ihre **spätkastrierten** Artgenossen. Auch auf die Ausbildung des typischen Katerkopfes hat die Frühkastration keinen Einfluss – dieser ist ausschließlich genetisch bedingt. Weitere Infos finden Sie auf Seite 57 im Kapitel „Ewig gesund".

Die Fortpflanzungspyramide

Kastration bedeutet auch aktiven **Tierschutz**: Zwei Katzen können in einem Jahr etwa zwölf Kätzchen zeugen. Nach zwei Jahren werden daraus aber schnell 66, nach drei Jahren 350, nach vier Jahren 2.200 und nach zehn Jahren über 80 Millionen Katzen! All diese Katzen benötigen ein Zuhause und einen treusorgenden Menschen, damit sie nicht im Tierheim landen oder sich auf der Straße durchschlagen müssen. Überlegen Sie also genau, ob Sie Nachwuchs wünschen und an wen Sie ihn vermitteln!

▶ *Wohl niemand möchte seine Kitten gerne im Tierheim sehen …*

INFOKASTEN: KASTRATIONSPFLICHT

Viele Länder haben sich die Schnelligkeit, mit der sich Katzen vermehren, zu Herzen genommen und eine Kastrationspflicht verhängt. Jahr für Jahr werden Tausende von Katzen ausgesetzt, erbarmt sich nicht der nette Nachbar, müssen sie sich ihr Futter plötzlich selbst suchen – keine Spur mehr von „Entenragout mit Sauce" und Spezial-Trockenfutter gegen Zahnstein. Einige Tiere kann der Tierschutz aufnehmen, andere schlagen sich mit Hilfe von Futterstellen durch.

Doch wo eine unkastrierte Katze ist, gibt es regelmäßig Nachwuchs – die freilebende Katzenpopulation wächst. Viele Tierschützer fordern darum eine Kastrationspflicht für Katzen – ein Gesetz dazu gibt es bisher (Stand: 2009) nur in wenigen Städten wie zum Beispiel in Paderborn. Katzenhalter, die ihrer über fünf Monate alten Katze Zugang ins Freie gewähren, haben diese zuvor von einem Tierarzt kastrieren und mittels Tätowierung oder Mikrochip kennzeichnen zu lassen. Für die Zucht von Rassekatzen gibt es auf Antrag Ausnahmen von der Kastrationspflicht, allerdings muss hier die Kontrolle und Versorgung der Nachzucht bewiesen werden.

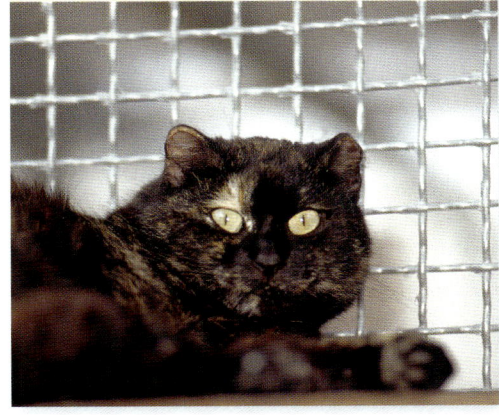

Die Trächtigkeit

Eine **Trächtigkeit** dauert bei der Katze im Schnitt 63 bis 65 Tage – so lange hat die werdende Mutter Zeit, sich auf den Nachwuchs einzustellen. Je nach Rasse und Anzahl der Kitten kann die Trächtigkeitsdauer aber variieren – neben der Gesundheitsvorsorge der trächtigen Katze auch ein Grund, um rechtzeitig den Tierarzt aufzusuchen. Dieser kann per **Ultraschall** oder Abtasten die ungefähre Anzahl der Kitten sowie den ungefähren **Geburtstermin** bestimmen.

Katzen sind eigenständig und unabhängig – auch in der Wahl des Geburtstermins ihrer Kitten. Beobachten Sie Ihre trächtige Katze darum ganz genau!

INFO: PATCHWORK-FAMILIE

Kätzchen aus einem Wurf können mehrere Väter haben, weil der Eisprung durch den Paarungsakt selbst erst ausgelöst wird. Biologisch nennt sich dies „provozierte Ovulation", sie kommt auch bei Hunden und Kaninchen vor.

Hilfe, die Babys kommen!

Schon wenige Tage vor der Geburt sucht Ihre Katze sich einen Ort aus, an dem sie ihre Jungen zur Welt bringen will. Das kann ein Bett, ein Wäschekorb oder die rechtzeitig bereitgestellte **Wurfkiste** sein. Direkt vor der Geburt wird Ihre Katze unruhig, sie miaut viel und sucht vielleicht sogar Ihre Nähe. Zu diesem Zeitpunkt etwa schwellen die Zitzen der Katze an.

Etwa sechs Stunden vor der Geburt können erste Wehen auftreten. Dann presst die Katze – ist das Junge schließlich auf der Welt, leckt sie es, um die Fruchthüllen zu entfernen und seinen Kreislauf zu stimulieren. Dabei beißt sie meist auch die Nabelschnur durch. Darauf folgt die Nachgeburt des eben Geborenen. Manchmal frisst sie diese erst auf und trennt dann dabei die Nabelschnur durch.

Nach weiteren Wehen und auch manchmal größeren Pausen wiederholt sich dieser Vorgang so lange, bis alle Welpen auf der Welt sind. Das kann mehrere Stunden dauern.

Doch nicht immer ist danach auch Schluss. Ist ein Kitten schwach oder sogar tot, kann es noch Stunden oder Tage im Mutterleib verbleiben – rufen Sie darum nach der Katzengeburt Ihren Tierarzt, damit dieser die Katze untersucht und Sie sicher sein können, dass alles in Ordnung ist.

Herzlich Willkommen im Leben!

Wenn die heiß ersehnten jungen Kätzchen endlich gut und wohlbehalten das Licht der Welt erblickt haben, nimmt ihre **Entwicklung** zu großen, starken Tigern im Miniformat unaufhörlich ihren Lauf. Bis eine junge Katze ausgewachsen ist, vergeht etwa ein Jahr.

◀ *Katzenkinder* wachsen in den ersten Wochen besonders stark!

Wie kleine Katzen ihre ersten Tage erleben

Neugeborene Katzenkinder sind noch blind und fast taub. Sie können aber schon riechen, tasten und Wärme und Kälte fühlen. Automatisch robben sie zu den Zitzen um die wichtige **Kolostralmilch** aufzunehmen, die nur in den ersten Tagen nach der Geburt fließt. Sie wirkt wie eine Schutzimpfung und schützt die Kitten für kurze Zeit vor Infektionen und hilft ihnen, ein gesundes Immunsystem aufzubauen. Jedes Kätzchen behält die einmal gewählte Zitze. Beim Saugen rollen die Jungen ihre Zungen darum und kneten dabei mit den Vorderpfoten die Milchleiste, um den Milchfluss anzuregen.

Die ersten Tage im Leben kleiner Kätzchen verlaufen noch recht unspektakulär. Ihr Tagesablauf besteht vor allem aus Trinken, Krabbeln und Schlafen. Aber bei der rasanten Entwicklung der Kleinen dauert es nicht lange, bis sie zu kleinen Tigern herangewachsen sind. Bereits in der zweiten Lebenswoche entwickelt sich ihr Gehör. In dieser Zeit findet die akustische Prägung auf Mutter und Geschwister statt.

Auch die **Augen** öffnen sich langsam, die bei allen Kitten noch blau sind. In der dritten Woche kommen die ersten **Milchzähne** langsam heraus und die Kleinen beginnen auf wackeligen Beinchen zu laufen. Jetzt findet außerdem die optische Prägung auf Mutter und Geschwister statt. Durch Beobachtung der Mutter lernen die Kätzchen jetzt einiges, beispielsweise die Stubenreinheit: Stellt man den Kätzchen in dieser Zeit ein **Katzenklo** mit flachem Eingang zur Verfügung, beginnen sie recht schnell, dieses auch regelmäßig zu benutzen.

Mit der vierten Lebenswoche ist die Zeit der ruhigen Kinderstube dann endgültig vorbei. Die Kitten tollen umher, jagen sich und raufen ausgiebig miteinander. Sie trainieren damit ihre Koordination und üben die Jagd. Ungefähr eine Woche später interessieren sich die Kätzchen außerdem zunehmend für das Futter ihrer Mutter und nehmen erste feste **Nahrung** zu sich. Mit etwa der siebten Lebenswoche endet dann die sensible Prägephase der Kleinen. Bis zu dieser Zeit haben sie ihre Grundprägung auf den Menschen, andere Tiere, ihre Umgebung und alles andere, mit dem sie in den ersten Lebenswochen konfrontiert wurden, erhalten.

Wenn sich mit etwa neun Wochen langsam ihre richtige Augenfarbe entwickelt, dauert es nicht mehr lang, bis die Kätzchen selbstständig genug sind, um mit frühestens zwölf Wochen von ihrer Mutter getrennt zu werden.

HÄTTEN SIE ES GEWUSST?

Katzenbabys frieren schnell. Verlässt die Katzenmutter das Nest, drehen sich neugeborene Kätzchen darum automatisch zusammen, sodass man oft nur noch einen kompakten Fellball vorfindet. So zusammengekuschelt halten sie sich gegenseitig warm.

▲ ... *und stellen* eine Menge an!

Gesundheitscheck auch für die Kleinen: Das muss sein

So niedlich es auch ist, den kleinen Kätzchen bei ihrer Entwicklung zuzusehen, sollte man darüber nicht seine Pflicht als Katzenhalter vergessen. Um zu kontrollieren, ob die Kleinen gesund sind und genügend **Milch** bekommen, sollten Sie die Kitten täglich, jeweils zur gleichen Zeit wiegen.

Ein gesundes Kätzchen nimmt etwa zehn bis zwanzig Gramm täglich zu. Kleine Abweichungen und auch ein Stillstand von nicht mehr als einem Tag sind allerdings normal. Nach der ersten Woche sollten die Kleinen ihr **Geburtsgewicht** in etwa verdoppelt haben.

Auch die Wichtigkeit von **Entwurmungen** der Mutterkatze und ihrem Nachwuchs ist nicht zu unterschätzen, da **Würmer** auch über die Milch übertragen werden. Fragen Sie Ihren Tierarzt, welches Wurmmittel er für die Kätzchen empfiehlt und entwurmen Sie diese das erste Mal mit vier, dann noch einmal mit sieben Wochen.

Auch der erste Besuch in der Praxis steht dann an. Sind die Kätzchen acht Wochen alt, sind sie auch groß genug für den **Tierarztbesuch**. Hier werden sie einmal gründlich unter die Lupe genommen. Der Tierarzt begutachtet die Zähnchen, Augen und Ohren, kontrolliert, ob der After sauber ist und die Kätzchen das richtige **Gewicht** für ihr Alter haben. Anschließend durchsucht er ihr Fell mit einem Flohkamm nach Parasiten.

Wenn alles stimmt, die Kätzchen gesund und munter und eine Woche zuvor entwurmt worden sind, geht es an den unschöneren Teil: Die Kätzchen erhalten ihre erste **Impfung** gegen **Katzenschnupfen** und **Katzenseuche** und einen Impfausweis.

Vier Wochen später steht dann die Auffrischungsimpfung an, mit der die Grundimmunisierung abgeschlossen ist. Die kleinen Tiger sind nun gut gerüstet für den Umzug in ein neues Zuhause.

▲ *Begleiten Sie Ihre Katzenkinder falls möglich persönlich ins neue Zuhause!*

Katzenkinder ins neue Heim begleiten

Auch wenn der Gedanke an den Abschied der kleinen Racker schwer fällt, ist es für die wenigsten Katzenhalter möglich, alle Kätzchen selbst zu behalten oder im Familienkreis unterzubringen. Deswegen sollten Sie schon frühzeitig nach einem guten Zuhause für Ihre Katzenkinder suchen. Beginnen Sie etwa ab der achten Woche mit der Suche, inserieren Sie in der Zeitung, hängen Sie Zettel aus, fragen Sie Freunde und Bekannte und laden Sie die Interessenten zu sich ein, damit sie einen ersten Kontakt zu den Katzen aufnehmen können.

NIEMALS ALLEIN!

Katzen sind soziale Tiere. Vor allem kleine Kätzchen brauchen einen Artgenossen zum Raufen und Spielen, am besten im gleichen Alter. Achten Sie daher darauf, dass Sie Ihre Kätzchen entweder nur zu zweit oder zu einer bereits vorhandenen, sozialen Katze abgeben.

Drum prüfe, wer sich ewig bindet …

Aber auch Sie sollten die potenziellen zukünftigen Katzenbesitzer gründlich auf Herz und Nieren prüfen, damit Ihre Schützlinge nicht später im Tierheim oder gar auf der Straße landen. **Stellen Sie Fragen** zu Lebensumständen und Wohnverhältnissen, nach schon vorhandenen Erfahrungen mit Katzen, insbesondere Kitten, anderen Tieren und allem, was Ihnen sonst noch wichtig ist.

Lassen Sie dabei Ihr Herz entscheiden, bei wem Ihre Katzen gut aufgehoben sind und scheuen Sie sich auch nicht, sich das neue Zuhause im Voraus einmal anzusehen.

Wer ein ernsthaftes Interesse an Ihren Katzen hat und diese nicht unüberlegt aus einer Laune heraus oder nur den Kindern zuliebe anschaffen will, überzeugt Sie gerne davon, dass sein Zuhause das Beste für Ihr Kätzchen sein wird.

Auch eine kleine **Schutzgebühr** wird einen ernsthaften Interessenten nicht abschrecken, wenn er dafür ein vom Tierarzt untersuchtes und komplett geimpftes Kitten aus guten Händen bekommt.

▶ *Mit zwölf Wochen sind die Kitten bereit für ein neues Zuhause.*

Der richtige Zeitpunkt

Mit frühestens zwölf Wochen sind die Kätzchen bereit zum Umzug. Bis zu dieser Zeit lernen Sie alles Wichtige im Umgang mit anderen Katzen und sind zu selbstbewussten kleinen Rabauken herangewachsen.

Nehmen Sie sich Zeit, die Kätzchen in ihr neues Heim zu begleiten und geben Sie ihnen ein paar vertraute Dinge mit auf den Weg: etwas vom gewohnten Futter, die gewohnte Streu, ein Kuschelkissen mit dem Duft von Zuhause und das Lieblingsspielzeug. So fällt die **Eingewöhnung** nicht ganz so schwer. Übergeben Sie dem neuen Besitzer mit dem Kitten auch noch seinen Impfausweis und eventuell ein paar Fotos aus den ersten Wochen. Darüber freuen sich die meisten frischgebackenen Katzeneltern sehr.

TIPP

Achten Sie darauf, dass Sie nicht alle Kätzchen an einem Tag weggeben, damit die Mutterkatze sich langsam wieder an einen etwas ruhigeren Tagesablauf gewöhnen kann. Auch wenn der Abschied schwer fällt, Sie haben Ihre Kätzchen mit Sicherheit nur in beste Hände gegeben und können ihrem Nachwuchs ruhigen Gewissens eine aufregende und schöne Zukunft wünschen.

Wenn

Wenn etwas
schief geht

*Die Katze ist nun eingezogen, die ersten Tage sind überstanden – und plötzlich gibt es **Probleme**. Der kleine Racker springt auf die Regale, wetzt seine Krallen am Sofa und bedient sich am Tisch. Was nun?*

Meine Katze macht, was sie will!

„Hunde haben Herrchen, Katzen haben Personal" – so lautet ein Sprichwort. Auch wenn Katzen sich sehr viel schwerer **erziehen** und auf keinen Fall abrichten lassen, benötigen Sie aber genau wie Hunde oder Kinder eine ordentliche und bodenständige Erziehung. Katzen müssen Grenzen kennenlernen, sie müssen wissen, dass bestimmte Dinge tabu sind und sie ihrem Menschen nicht auf der Nase herumtanzen dürfen!

Dabei ist die **Katzenerziehung** an kein bestimmtes Alter gekoppelt. Junge Katzen lernen natürlich schneller – hat der Sofatiger erst einmal entdeckt, dass es so viel Spaß macht, die Bücher aus dem Regal zu schubsen und Frauchen ihm das Schnitzel sowieso nicht entreißen kann, ist es sehr viel schwieriger, wieder Ordnung in die verkorkste Erziehung hinein zu bringen.

Unmöglich ist es aber nicht! Weitere Informationen zur richtigen Katzenerziehung finden Sie auch auf Seite 39 im Kapitel „Der perfekte Katzenmensch".

◀ ***Aus spielerischen Kämpfen*** *kann schnell Ernst werden ...*

Es ist also so weit: Vor wenigen Wochen haben sie sich noch über das putzige Katzenkind, den verschmusten Kater oder die elegante Katzendame gefreut – nun zeigen sich die ersten Probleme. Kein Grund, aufzugeben und das Tier wieder seinem Verkäufer zurückzubringen! Genauso individuell wie jede Katze ist auch die Umgebung, in der diese Katzen aufwachsen und leben.

Eine **Pauschallösung** bei **Problemen** wie **Unsauberkeit**, **Kratzen** oder **Aggressivität** gibt es darum nicht – auch, wenn dies den Alltag vieler Katzenfreunde einfacher gestalten würde. Mit etwas Nachdenken können Sie die Umgebung Ihrer Katze aber unter die Lupe nehmen und kritisch potenzielle Ursachen für **Verhaltensprobleme** identifizieren.

Kratzen

Was viele Katzenfreunde nicht wissen: Auch durch Kratzen setzt die Katze **Reviergrenzen**. An den Pfoten lokalisierte **Drüsen** hinterlassen einen leichten, je nach Katze individuellen und für den Menschen nicht wahrnehmbaren Eigengeruch an der entsprechenden Stelle. **Kratzspuren** sind eine Dominanzgebärde, sie sprechen eine offensichtliche Sprache: Hier ist mein Bereich, hier fühle ich mich wohl.

► *Kratzmarkierungen* an Möbeln
sind lästig!

So lange die Katze am Kratzbaum oder am Baum im Garten Ihre Krallen wetzt, die überschüssigen Hornkaspeln abstößt und sich durch Duft- und Kratzmarkierungen verewigt, ist dies kein Problem. Finden sich aber Kratzer auf dem teuren Ledersofa oder dem antiken Nussholzschrank, sind Katzenfreunde entsetzt. Kein Wunder – denn das Zusammenleben mit der Katze kann durch derartige Angewohnheiten schnell vermiest werden!

Bei Kratzproblemen sollte der erste Blick durch die Wohnung gleiten: Biete ich meiner Katze überhaupt einen artgerechten **Kratzplatz**?

Ob Sie es glauben oder nicht, viele Katzen kratzen aus purer Not. Ihnen steht kein geeigneter Kratzbaum zur Verfügung, an dem sie ihre Krallen schärfen und die notwendigen Markierungen vornehmen, sich recken und strecken können, ohne mit dem Kopf anzustoßen – und wenn doch, steht er an einer ungünstigen Stelle.

Der ideale Platz für einen **Kratzbaum** sollte ruhig und dennoch einsehbar sein. Denn warum sich die Mühe von Kratzmarkierungen machen, wenn sie keiner sieht? Stellen Sie den Kratzbaum beispielsweise in eine ruhige Wohnzimmerecke und nicht in den Keller.

DER IDEALE KRATZBAUM

► So hoch, dass sich die Katze ohne Probleme strecken kann.

► Stabil und wackelfrei.

► Mit attraktivem Material wie Sisal bezogen oder aus Holz, das zum Krallenwetzen verführt.

► Die Katzenkrallen sollten sich während des Kratzens nicht im Material festhaken können.

► An einem ruhigen und dennoch einsehbaren Ort.

Kratzmarkierungen müssen regelmäßig erneuert werden – so sieht es zumindest Ihre Katze. Ersticken Sie jegliches Kratzen an Möbeln oder ungewünschten Stellen darum gleich im Keim, weisen Sie Ihre Katze mit einem scharfen „Nein!", einem Klatschen in die eigenen Hände oder gar mit Einsatz einer Blumenspritze zurecht. Kratzt die Katze auch in Ihrer Abwesenheit, sollten Sie auf unpersönlichere Erziehungshelfer wie doppelseitiges Klebeband oder Alufolie zurückgreifen.

Unsauberkeit

Katzen sind sehr saubere Tiere, sie sind in der freien Natur auf das vollständige Verscharren Ihrer Hinterlassenschaften, sofern es nicht der Reviermarkierung dient, und eine regelmäßige Körperhygiene angewiesen, damit sie für potenzielle Beutetiere nicht schon von Weitem gewittert werden.

Hinterlässt eine Katze Kot und Urin an offen einsehbaren Stellen oder verlegt sie das eigentlich „stille" Örtchen sogar mitten auf den Wohnzimmerteppich, stimmt etwas nicht im Katzenhaushalt: Liegt dem Problem keine organische Ursache zugrunde, ist dies ein eindeutiger Hilfeschrei, wie ihn die Katze nicht eindringlicher und lauter von sich geben könnte.

Mit derartigen Aktionen möchte die Katze ihren Menschen nicht ärgern, wie oft angenommen – sie weiß sich selbst nicht mehr zu helfen und greift auf dieses für sie selbst unangenehme Mittel zurück, weil sie keinen Ausweg mehr weiß.

Der erste Blick des Laien sollte hier zur **Katzentoilette** gehen. Ist diese eventuell auf irgendeine Art und Weise unattraktiv für die Katze? Ist der **Platz** des Katzenklos ungünstig gewählt, beispielsweise in einem Durchgangszimmer oder sogar mitten im Flur, in dem sich die Katze nicht sicher fühlt? Wird die Streu nicht regelmäßig gereinigt, muss die Fellnase also gewissermaßen in ihren eigenen Hinterlassenschaften graben?

Parfümieren Sie die Katzentoilette regelmäßig mit duftenden Essenzen, um schon den Ansatz eines übelriechenden Lüftchens im Keim zu ersticken?

Katzen riechen um einiges besser als wir – das für uns wohlriechende **Aroma** für die Katzentoilette kann ihnen beim Besuch wahre Kopfschmerzen bescheren.

UNSAUBERKEIT KANN FOLGENDE URSACHEN HABEN

- ▶ Gesundheitliche Gründe: Unbedingt mit dem Tierarzt abklären!

- ▶ Ihre Katze ist nicht kastriert.

- ▶ In Ihrem Haushalt gibt es zu wenige Katzentoiletten für die Anzahl der Tiere.

- ▶ Die Toilette entspricht nicht der Vorstellung Ihrer Katze: zu klein, falsche Streu, Haubentoilette.

- ▶ Falscher Toilettenplatz: Die Katze findet keine Ruhe, ihr „Geschäft" zu verrichten.

- ▶ Veränderungen in der Menschenfamilie können eine Katze verunsichern und zu Unsauberkeit führen.

- ▶ Umzug oder Renovierung können ebenfalls eine starke Unsicherheit bei der Fellnase hervorrufen.

- ▶ Langeweile, die von der Katze als Stress ausgelegt wird.

- ▶ Eifersucht auf Tiere oder Menschen.

▲ **Katzen sind** *sehr empfindlich, was die Wahl ihres „Stillen Örtchens" angeht.*

Hat Ihre Katze ein großes, eventuell offenes, großzügig mit der richtigen **Streu** gefülltes und an einem ruhigen Standort platziertes Katzenklo und gibt es genügend Katzentoiletten für alle im Haushalt lebenden Tiere (Faustregel: Anzahl der Tiere plus eine)? Dann liegt das Problem tiefer und kann auch angstbedingt sein. Hier bietet sich der Besuch eines Katzenpsychologen oder das klärende Gespräch mit einem Tierarzt, der sich auch auf Verhaltensprobleme spezialisiert hat, an!

Markieren

Um Unsauberkeit und **Markierverhalten** zu unterscheiden, sollten Sie Ihre Katze bei dem Geschäft am falschen Ort beobachten. Steht die Katze aufrecht, hält sie den Schwanz vom Körper gestreckt, zittert dieser und geht der Urinstrahl waagerecht nach hinten, haben Sie es wahrscheinlich mit einem Markierverhalten zu tun.

Für unkastrierte Kater gehört Markieren zum guten Ton. Eine rechtzeitige Kastration kann einem eventuellen Markierverhalten rechtzeitig entgegenwirken – markiert die Katze bereits, kann eine anschließende Kastration das Problem beheben, muss es aber nicht. Markieren ist nämlich nicht immer hormonbedingt, in den meisten Fällen möchte die Katze so ihr Revier verteidigen oder sich als Reviereigentümer hervortun.

TIPP

Haubentoiletten sind oft nur für den Menschen attraktiv, da sämtliche Hinterlassenschaften gut verdeckt und nicht sichtbar sind. Für Katzen sind diese Höhlen oft zu dunkel, zu unsicher – und sie stinken. Greifen Sie also lieber auf eine offene Schalentoilette zurück!

▼ *Katzen zeigen ihre Gefühle auf vielfältige Art und Weise!*

HINWEIS

Drücken Sie unsaubere Katzen nie mit der Nase in den eigenen Urin! Die Katze wird diese angebliche Erziehungsmaßnahme nicht verstehen, das Unverständnis Ihnen gegenüber wächst, eine Lösung des Problems wird noch schwieriger.

Löst auch eine anschließende Kastration das Problem nicht, haben Sie es eindeutig mit einem **Revierverhalten** zu tun. Betrachten Sie zuallererst die Tiere in Ihrem Haushalt: Lebt Ihre markierende Katze alleine? Falls Ihre Katze keinerlei Kontakt zu anderen Tieren hat, können Sie eventuelle Streitigkeiten innerhalb der **Katzengruppe** ausschließen. Falls nicht: Hat sich die Gruppe in der letzten Zeit verändert, ist beispielsweise ein Tier gestorben oder sind neue Katzen hinzugekommen?

Gibt es sogenannte „Besuchskatzen" aus der Nachbarschaft, die regelmäßig bei Ihnen vorbeischauen und Ihrer Katze das Revier streitig machen könnten? Gibt es andere Haustiere, wie beispielsweise Hunde, die die Katze in Ihrem Lebensraum einschränken? Doch auch Sie selbst können die Ursache für das Markierverhalten Ihrer Katze sein.

WIE KATZEN GRENZEN ANZEIGEN

Nicht nur Kater markieren, auch Kätzinnen können ihr Revier auf diese Art und Weise für sich beanspruchen. Hier spielt es nur selten eine Rolle, ob die Katze kastriert ist oder nicht.

TIPP

Mit Urin markierte Stellen sollten verschwinden – weniger Ihrer Katze, sondern vielmehr Ihnen zuliebe. Greifen Sie hier aber nicht auf übertünchende Mittel wie Parfüm oder ähnliches zurück, der penetrante Geruch würde Ihre Katze zu weiteren Markierungen hinreißen.

Im Handel gibt es eigens entwickelte Urinvernichter, die Geruch und Flecken entfernen.

DAS WO SAGT ETWAS ÜBER DAS WARUM

Beobachten Sie die beliebtesten **Markierstellen** Ihrer Katze: Markiert Ihre Katze auf persönlichen Gegenständen wie Kleidungsstücken oder Taschen, will sie nicht selten ihren Anspruch Ihnen gegenüber festigen – bei Urinspuren an Türen und Fenstern möchte sie ihr Revier vorwiegend gegen Feinde „von außen", beispielsweise Nachbarskatzen, verteidigen.

Hat sich in Ihrer **Familie** etwas verändert, ist beispielsweise ein Familienmitglied ausgezogen oder gestorben? Ist jemand dazugekommen, haben Sie ein Baby bekommen?

Haben Sie den Hang zu Parfümnoten im ganzen Haus, die der Katze „stinken" könnten?

Betrachten Sie nun Ihre Wohnung. Hat sich hier etwas verändert? Sind sie umgezogen, sodass ein neues Revier erobert werden muss? Haben Sie die Reviergrenzen durch neue Möbel oder Türen, die plötzlich verschlossen bleiben, verändert? Weitergehende Probleme

Weitergehende Probleme

N icht immer äußern sich Probleme zwischen Mensch und Katze so drastisch wie in Unsauberkeit oder zerstörerischen Tätigkeiten. Manchmal steckt der Teufel auch im Detail. Die Samtpfote zeigt sich mal wieder von ihrer kratzbürstigen Seite oder meidet plötzlich die täglichen Streicheleinheiten. Oft kommen die **Verhaltensänderungen** für Frauchen und Herrchen vollkommen überraschend oder werden einfach als eine Laune abgetan. Doch wenn eine schmusige Katze plötzlich zum Kuscheln lieber ein Stofftier vorzieht und alle organischen Ursachen ausgeschlossen sind, kann auch ein einfaches Kommunikationsproblem vorliegen.

TIPP

Katzen mögen es nicht,
wenn man Ihnen ins
Gesicht pustet oder
Zischgeräusche von sich
gibt, da beides dem
Fauchen ähnelt. Haben
Sie allerdings einen
kleinen Rüpel Zuhause,
der beim Spielen häufig
seine Krallen einsetzt
und Sie damit verletzt,
können Sie sich das
erzieherisch zunutze
machen und ihn als
Warnung anpusten.

▼ **Verstehen** Sie
Ihre Katze?

Kleines Katzensprachlexikon

Katzen unter sich kommunizieren recht
unauffällig über **Duftsignale** und **Körpersprache** miteinander. Aufforderndes,
unterhaltendes oder gar beleidigtes **Miauen** und
Mauzen wenden sie nur in der Unterhaltung
mit dem – für Katzen recht begriffsstutzigen –
Menschen an.

Und hier haben die meisten Probleme dann
auch ihren Anfang. Gerade Neukatzenbesit-
zer kennen das Problem oft zu gut: Die Katze
fordert eindeutig zum Streicheln auf, Mensch
tut ihr den Gefallen und aus heiterem Himmel
kratzt oder beißt sie. Dieses Verhalten kann
mehrere Gründe haben. Entweder hat die Katze
Schmerzen und reagiert deswegen aggressiv
oder aber ihr Verhalten wurde falsch gedeutet.

Katzen zeigen ihrem Besitzer oft eindeutig,
aber recht dezent, wann sie genug von seinen
Streicheleinheiten haben. Ignoriert ihr Mensch
dies oder kennt die Signale wie beispielsweise

das auf einen Konflikt hindeutende **Schwanz-schlagen** nicht, reagiert die Katze unter Umständen mit anderen ihr zur Verfügung stehenden Mitteln wie Krallen und Zähnen.

Auch wenn die Samtpfote immer mehr die Nähe zu ihrem Menschen meidet, kann das aus falsch interpretiertem Verhalten herrühren. Eine Katze, die menschliche Nähe sucht, möchte nicht unbedingt immer auch gestreichelt werden. Versteht ihr Mensch dies nicht, wird sie folglich immer seltener zum Kuscheln kommen, um dem lästigen Streicheln zu entgehen. Um das eigene Tier besser verstehen zu können und solche und andere **Probleme** zu vermeiden, sollte jeder Katzenhalter darum wenigstens das kleine Einmaleins der **Katzensprache** beherrschen.

Lautsprache

Der Katze steht eine Reihe an Lauten zur Verständigung zur Verfügung. Neben dem **Miauen** und **Mauzen** in verschiedensten Tönen und Betonungen, das wohl jeder Katzenmensch kennen und im Zusammenhang auch richtig deuten wird, kann die Katze auch schnurren, gurren, schnattern, knurren und fauchen.

Das **Schnurren** dürfte dabei wohl jedem bekannt sein. Es bedeutet soviel wie „Alles in Ordnung!". Katzen schnurren, wenn sie sich wohlfühlen, aber auch, wenn sie krank sind. Man geht davon aus, dass sich Katzen mit dem Schnurren selbst beruhigen wollen.

Das etwas lautere **Gurren** dient der freundlichen Begrüßung bekannter Menschen oder Artgenossen.

Sieht eine Katze durchs Fenster ein unerreichbares Beutetier wie beispielsweise einen Vogel, wird man von ihr ein **Schnattern** zu hören bekommen. Dieses kann als eine Art Übersprungshandlung gedeutet werden und bedeutet, dass die Katze gerade unter großer Anspannung steht. Lassen Sie also lieber die Finger von ihr, bevor sie statt dem Vogel Ihre Hand fängt!

VORSICHT!

Wenn eine Katze Ihnen den Bauch entgegen streckt, muss das keine Aufforderung zum Kraulen sein. Mit Unterwürfigkeit hat diese Geste auch nur recht wenig zu tun, hat sie in dieser Position doch all ihre Waffen zur freien Verfügung. Wenn Sie die Katze nicht genau kennen und wissen, dass sie nun gestreichelt werden möchte, lassen Sie lieber die Finger von ihr, sonst könnten Sie leicht schmerzhafte Bekanntschaft mit ihren Krallen und Zähnen machen.

Das gleiche gilt, wenn Ihre Katze faucht oder knurrt. Beim **Fauchen** wird bei geöffnetem Maul heftig Luft ausgestoßen, bis hin zum **Spucken**. Dieses Verhalten ist als Warnung in verschiedenen Abstufungen zu verstehen, bevor die Katze sich verteidigen oder aber die Flucht ergreifen wird.

Eine knurrende Katze ist weit davon entfernt, die Flucht zu ergreifen. Das Knurren kann sich bis zu einem tiefen, angsteinflößenden **Grollen** und regelrecht lautem Geschrei steigern und bedeutet ziemlich unmissverständlich, dass mit dieser Katze nicht mehr zu Spaßen ist. Eine derart knurrende Katze wird sicher zum Angriff übergehen!

Körpersprache

Neben der Lautsprache spielen **Mimik** und **Gestik** in der Katzenkommunikation eine große Rolle. An **Körperhaltung** und **Gesichtsausdruck** lässt sich jederzeit die aktuelle **Stimmung** der Samtpfote ablesen. Besonderes Augenmerk beim Deuten ihrer Körpersprache sollten Sie dabei auf **Augen**, **Ohren** und **Schwanz** legen. Sie werden erstaunt sein, welch vielfältige Signale die Katze damit aussenden kann.

So wird sie Ihnen zum Beispiel mit einem **Zwinkern** signalisieren, dass sie Ihnen freundlich gesonnen ist. Wollen Sie ihr das Gleiche mitteilen, zwinkern Sie zurück und vermeiden Sie langen und direkten Augenkontakt. **Anstarren** ist ein Zeichen von Dominanz und wird von Katzen als äußerst unangenehm empfunden. Achten Sie zudem auf die Öffnung der Augen und die Größe der Pupillen. Eine Katze, die sich **wohlfühlt** und ihre Umwelt interessiert wahrnimmt, hat ihre Augen stets weit geöffnet und betrachtet ihre Umgebung unerschrocken und entspannt. Ist sie allerdings **gereizt** und möchte ihre Ruhe haben, hat sie die Augen nur halb geöffnet.

Ihre Pupillen können sich bei starkem **Stress** oder beim ekstatischen **Spielen** von engen Schlitzen zu Vollmonden weiten. Ansonsten sind sie den Lichtverhältnissen angepasst. Auch mit ihren beweglichen **Ohren** kann die Katze Stimmungen ausdrücken.

Sie kann diese nicht nur in alle Richtungen drehen um Geräusche zu orten, sondern auch um ihrem Gegenüber etwas mitzuteilen. So stellt sie die Ohren aufmerksam nach vorne auf, wenn sie etwas **Interessantes** entdeckt hat. Ein Ohr zur Seite, eines nach vorn gerichtet, bedeutet **Unentschlossenheit**. Die Katze weiß nicht so recht, welchem Geräusch sie als erstes ihre Aufmerksamkeit schenken soll.

Sind die Ohren normal und entspannt nach vorn gerichtet, ist die Katze **neutral** gestimmt.

Ganz anders bei leicht zur Seite gedrehten Ohren. Eine Katze, die solch eine Ohrstellung zeigt, fühlt sich gestört und ist bereits leicht **gereizt**. Klappt sie die Ohren noch weiter nach hinten, ist äußerste Vorsicht angesagt, denn nun ist die Katze in **Abwehrbereitschaft**. Sie wird sich bei weiterer Störung im besten Fall zurückziehen, im schlechtesten aber zum Angriff übergehen. Dasselbe gilt für den **Flaschenbürstenschwanz**, den wohl jeder im Zusammenhang mit dem **Katzenbuckel** kennt. Eine Katze, die ihr Fell am Schwanz dermaßen aufplustert und nach oben aufstellt, fühlt sich **bedroht** und will möglichst groß und gefährlich erscheinen. Im trauten Heim wird sie von dieser starken Geste wohl keinen Gebrauch machen müssen. Hier wird sie sich eher **entspannt** mit locker **hängendem** oder **freudig** mit **hocherhobenem** Schwanz bewegen.

Manch gutgelaunte Katze **schwenkt** wie ein Hund den Schwanz hin und her und drückt damit ihre lockere Stimmung aus. Andere Katzen wedeln fast gar nicht mit dem Schwanz. Dieses freudig erregte Schwanzwedeln sollte aber nicht mit dem verärgerten **Schwanzschlagen** verwechselt werden. Schlägt eine Katze gereizt mit dem Schwanz, sollte man die Finger von ihr lassen, denn sie wird gerade wütend und drückt damit ihren Unmut aus.

PARTYGÄSTE

Kennen Sie das Phänomen: Sie haben Gäste eingeladen und Ihre Katze sucht gezielt die Nähe des Menschen, der keinen Kontakt zu ihr wünscht? Das könnte daran liegen, dass dieser als einziger den Augenkontakt zu Ihrer Katze meidet. Die Katze empfindet das als freundliche Geste und wird sich von diesem Menschen magisch angezogen fühlen.

▶ *Das Leben* mit Katzen ist vor allem eins: lehrreich und wunderschön!

Wer hilft wann?

Dieses Buch hat Ihnen ein gutes Rüstzeug gegeben, um mit Ihrer Katze ein gutes und glückliches Leben verbringen zu können. Doch nicht immer läuft alles einwandfrei, oft benötigt man die Hilfe und Erfahrung eines Dritten. Scheuen Sie sich nicht, Ihren **Tierarzt**, in Absprache mit diesem einen **Tierheilpraktiker** oder bei psychischen Auffälligkeiten einen **Katzenpsychologen** aufzusuchen!

Doch nicht alles ist Gold, was glänzt. Gerade unerfahrene Katzenhalter fallen oft auf Scharlatane hinein – gerade bei Tierheilpraktikern oder Katzenpsychologen, die keine staatliche Zulassung benötigen, ist das Risiko groß.

Wenden Sie sich im Zweifelsfall an einen Tierarzt Ihres Vertrauens oder erfahrene und langjährige Katzenhalter in Ihrer Bekanntschaft – vielleicht erfahren Sie dort von einem vertrauenserweckenden Heilpraktiker oder Psychologen, mit dem schon andere Katzenfreunde gute **Erfahrungen** gemacht haben.

Wir wünschen Ihnen ein harmonisches Zusammenleben, viel Spaß und Freude mit Ihrem kleinen Sofatiger!

Service

Dank, Links und Publikationen rund um die possierlichen Stubentiger.

Dank Lena Landwerth

Ein eigenes Buch zu schreiben – dies gehört wohl zum Traum vieler Menschen. Es ist mir eine besondere Ehre, dass der Ulmer-Verlag mir nun schon zum zweiten Mal die Möglichkeit gegeben hat, diese Herausforderung anzunehmen! Ich hätte nie gedacht, dass dieser Punkt auf meiner „To-Do-Liste des Lebens" schon so früh Wirklichkeit wird …

Zwischen „Spiel und Spaß mit Katzen" und dem vorliegenden Buch ist viel passiert, dennoch gilt mein Dank noch immer den wichtigsten Personen in meinem Leben: Zuallererst meinem Mann Immo, der dafür verantwortlich ist, dass aus „Lena Hüsemann" plötzlich „Lena Landwerth" wurde. Vielen Dank für Deine unendliche Geduld und dass Du Dich auf das ehemals „unheimliche" Abenteuer Katze eingelassen hast! Ich freue mich auf unsere gemeinsame Zukunft!

Unsere Katzen Fleckli und Sakura waren auch bei diesem Buch meine treuen Begleiter und Co-Autoren. Kurz nach Manuskriptabgabe mussten sie uns beim Umzug in die USA begleiten – ich hoffe, Ihr beiden habt Euch bei Erscheinen des Buches schon gut eingelebt und Euer neues Revier mit Stolz erobert!

Ein besonderer Dank geht auch an Jessica Rohrbach, die dieses Buch mit ihren Vorschlägen und Ergänzungen erst zu dem gemacht hat, was es ist. Vielen Dank für tolle Zusammenarbeit der letzten Jahre!

Dank Jessica Rohrbach

Ich möchte mich hiermit vor allem bei meinen Eltern bedanken, die mich in der ersten heißen Phase tatkräftig unterstützt und mir meine geistige Abwesenheit verziehen haben, sowie bei meinem lieben Freund Toni für das großzügige Übersehen des entstandenen Chaos während des Schreibens.

Nicht nur in dieser Zeit hat sich einmal mehr gezeigt, dass auf den harten Kern meiner Freunde trotz längerer Funkstille Verlass ist. Ich hoffe, dass wir uns bald wiedersehen! Zu Freunden sind mir auch die Mitglieder der Pfotenhieb-Redaktion geworden, die gemeinsam mit meinen Miezen Alexis und Billi viel zu meinem Wissen über Katzen beitragen.

Mein letzter und größter Dank gilt jedoch Lena, die sowohl die Arbeit als auch die Freude an diesem Buch mit mir teilte. Ich wünsche dir, Immo, Fleckli und Sakura alles Gute für die sicher aufregende Zukunft!

Buchtipps

- Becvar, Wolfgang: *Naturheilkunde für Katzen: Grundlagen, Methoden, Krankheitsbilder.* Kosmos, Stuttgart 2003.
- Braun, Martina: *Clickertraining für Katzen – Erziehung macht Spaß.* Cadmos, Schwarzenbek 2005.
- Braun, Martina: *Kätzisch für Nichtkatzen.* Cadmos, Schwarzenbek 2007.
- Dbaly, Helena und Stefanie Sigl: *Das Spielebuch für Katzen – Spielend durchs Katzenleben.* Cadmos, Schwarzenbek 2008.
- Eickhoff, Markus: *Das Katzenzahnbuch.* MVS Medizinverlage, Stuttgart 2009.
- Götz, Eva-Maria: *Wohnen mit Katze.* Ulmer, Stuttgart 2006.
- Götz, Eva-Maria, Gollmann, Birgit, Laukner, Anna: *Katzen!* Ulmer, Stuttgart 2007.
- Grimm, Hans-Ulrich: *Katzen würden Mäuse kaufen.* Heyne, München 2007.
- Hauschild, Christine: *Stille Örtchen für Stubentiger – Unsauberkeit bei Katzen verstehen und Lösungen finden.* Books on Demand, Norderstedt 2009.
- Hüsemann, Lena: *Spiel und Spaß mit Katzen.* Ulmer, Stuttgart 2009.
- Laukner, Anna: *Katzen füttern.* Ulmer, Stuttgart 2007.
- Leyhausen, Paul: *Katzenseele – Wesen und Sozialverhalten.* Franckh-Kosmos, Stuttgart 2005.
- Peichl, Monika: *Haustiere impfen mit Verstand.* Norbert Höpfinger, Konstanz 2009.
- Rousselet-Blanc, Pierre (Hrsg.): *Alles über Katzen.* Ulmer, Stuttgart 2008.
- Schneider, Karin: *232 x Katze. Sie fragen – wir antworten.* Ulmer, Stuttgart 2008.
- Schroll, Sabine: *Aller guten Katzen sind…? – Der Mehrkatzen-Haushalt.* Books on Demand, Norderstedt 2006.
- Schroll, Sabine: *Miez, miez – na komm! Artgerechte Katzenhaltung in der Wohnung.* Books on Demand, Norderstedt 2007.
- Tabor, Roger: *Die Sprache der Katzen. Mimik, Laute, Körpersprache.* Ulmer, Stuttgart 2006.
- Twardokus, Petra: *Coaching für Katzenhalter – Die goldenen Regeln der Katzenpsychologin,* Kosmos, Stuttgart 2008.

Klicks im WWW

- www.tiernotruf.org
- www.pfotenhieb.de
- www.katzenfummelbrett.ch
- www.pristine-paws.de/ke_calc.htm (BARF-Kalkulator)
- www.diss.fu-berlin.de/diss/receive/FUDISS_thesis_000000001518 (Wissenschaftliche Dissertation zur Kulturgeschichte der Hauskatzen unter Berücksichtigung Ihrer Erkrankungen)

Register

Bildquellen: Alle Fotos bis auf die Folgenden stammen von Christine Steimer.
Dr. Eva-Maria Götz: S. 31, 37
Dorothea Hammes, Gestüt Tannenhof: S. 5
Silke Hlewitz-Seemann: S. 16, 56
Regina Kuhn: S. 51, 82
Lisa Gomez Ringe: S. 53, 54
Trixie: S. 34, 34/35
Titelfoto: Christine Steimer

Hinweis

Die in diesem Buch enthaltenen Empfehlungen und Angaben sind von den Autorinnen mit größter Sorgfalt zusammengestellt und geprüft worden. Eine Garantie für die Richtigkeit der Angaben kann aber nicht gegeben werden. Autorinnen und Verlag übernehmen keinerlei Haftung für Schäden und Unfälle. Der Leser sollte bei der Anwendung der in diesem Buch enthaltenen Empfehlungen sein persönliches Urteilsvermögen einsetzen.

Impressum

Bibliografische Information der Deutschen Nationalbibliothek

Die Deutsche Nationalbibliothek verzeichnet diese Publikation in der Deutschen Nationalbibliografie; detaillierte bibliografische Daten sind im Internet über http://dnb.d-nb.de abrufbar.

© 2011 Eugen Ulmer KG
Wollgrasweg 41
70599 Stuttgart (Hohenheim)
E-Mail: info@ulmer.de
Internet: www.ulmer.de

Umschlagentwurf, Innenlayout und dtp: Sojus Design / Kai Twelbeck, Stuttgart
Repro: Medienfabrik GmbH
Druck und Bindung: Westermann Druck, Zwickau
Printed in Germany

ISBN 978-3-8001-7525-3
HO 506